세상이 변해도
배움의 즐거움은
변함없도록

시대는 빠르게 변해도
배움의 즐거움은
변함없어야 하기에

어제의 비상은
남다른 교재부터
결이 다른 콘텐츠
전에 없던 교육 플랫폼까지

변함없는 혁신으로
교육 문화 환경의 새로운 전형을
실현해왔습니다.

비상은 오늘, 다시 한번
새로운 교육 문화 환경을 실현하기 위한
또 하나의 혁신을 시작합니다.

오늘의 내가 어제의 나를 초월하고
오늘의 교육이 어제의 교육을 초월하여
배움의 즐거움을 지속하는 혁신,

바로, 메타인지 기반 완전 학습을.

상상을 실현하는 교육 문화 기업 비상

메타인지 기반 완전 학습

초월을 뜻하는 meta와 생각을 뜻하는 인지가 결합한 메타인지는
자신이 알고 모르는 것을 스스로 구분하고 학습계획을 세우도록 하는
궁극의 학습 능력입니다. 비상의 메타인지 기반 완전 학습 시스템은
잠들어 있는 메타인지를 깨워 공부를 100% 내 것으로 만들도록 합니다.

내신 성적을 쑥쑥~ 올리는!!

내공의 힘

중등과학
2·1

STRUCTURE 구성과 특징

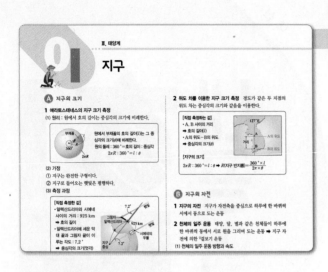

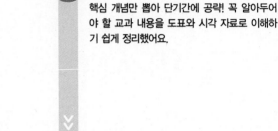

내공 ① 단계 | 차근차근 내용 짚기

핵심 개념만 뽑아 단기간에 공략! 꼭 알아두어야 할 교과 내용을 도표와 시각 자료로 이해하기 쉽게 정리했어요.

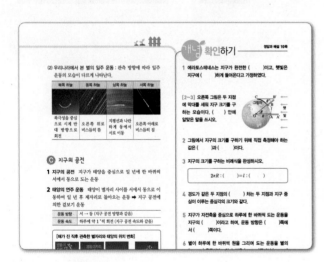

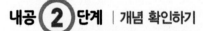

내공 ② 단계 | 개념 확인하기

핵심을 잘 짚고, 잘 이해했는지 확인하는 단계! 쪽지시험 보는 마음으로 도전~ 만약 모르는 게 있으면 1단계로 다시 가서 내공을 더 쌓으세요.

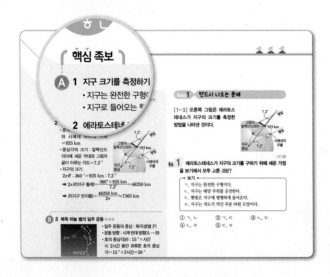

내공 ③ 단계 | 핵심 족보

학교 기출 문제를 분석하여 정리한 핵심 족보! 문제를 공략하기 전에 기출 빈도가 높은 내용을 다시 한번 점검해 보세요.

내공 점검 | 내공 ⑤ 단계

마지막 최종 점검 단계! 지금까지 쌓은 내공을
모아모아 내 실력을 체크해 보세요. 실전처럼
연습하고 부족한 부분을 보충하면 실제 시험도
문제없어요.

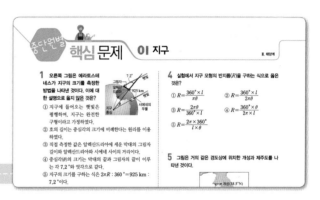

내공 쌓는 족집게 문제 | 내공 ④ 단계

내신에 강해지는 길은 기출 문제를 많이 풀어
보는 것! 학교 기출 문제를 분석하여 적중률 높
은 문제를 구성했어요. 100점으로 가는 마지막
관문인 서술형 문제까지 잡으면 내신 준비 OK!

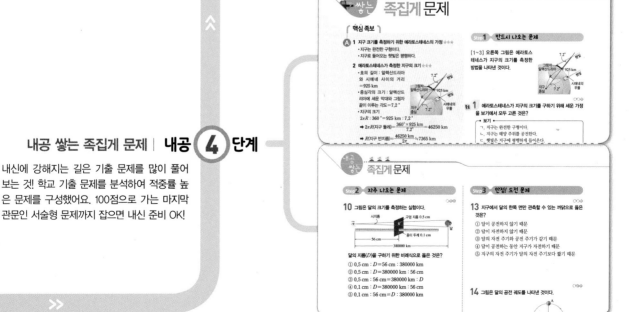

CONTENTS 차례

IV

식물과 에너지

내공 점검

CONTENTS

Textbook

01 원소

A 원소

1 물질을 이루는 기본 성분에 대한 학자들의 생각

(1) 탈레스 : 모든 물질의 근원은 물이다.

(2) 아리스토텔레스 : 만물은 물, 불, 흙, 공기의 4가지 기본 성분으로 되어 있고, 이들이 조합하여 여러 물질이 만들어진다.

(3) 보일 : 원소는 물질을 이루는 기본 성분으로, 더 이상 분해되지 않는 단순한 물질이다. ➡ 현대적인 원소 개념 제시

(4) 라부아지에 : 실험을 통해 물이 산소와 수소로 분해되는 것을 확인하여, 물이 원소가 아님을 증명하였다. ➡ 아리스토텔레스의 생각이 옳지 않음을 증명

> **[라부아지에의 물 분해 실험]**
> 라부아지에는 주철관을 가열하면서 주철관 안으로 물을 통과시켰다.
>
>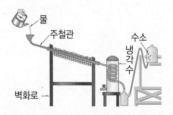
>
> ➡ 물이 분해되어 발생한 산소가 주철관을 녹슬게 하였다.
> ➡ 냉각수를 통과한 물질에서는 수소가 얻어졌다.

탐구 물의 전기 분해

1. 수산화 나트륨을 조금 녹인 물을 실리콘 마개를 씌운 빨대 2개에 가득 채운다.
   - ♀ **물에 수산화 나트륨을 녹이는 까닭 :** 순수한 물은 전류가 흐르지 않으므로 전류가 잘 흐르게 하기 위해

2. 과정 1의 빨대를 아래의 왼쪽 그림과 같이 장치하고 전류를 흘려 주면서 변화를 관찰한다.

3. (+)극의 마개를 빼면서 불씨만 남은 향불을 대어본다.

4. (−)극의 마개를 빼면서 성냥불을 대어본다.

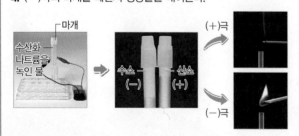

＋ 결과 및 정리

❶ 기체가 발생한다. ➡ 기체 발생량 : (+)극 < (−)극

❷ (+)극 : 향불이 다시 타오른다. ➡ 산소 기체 발생

❸ (−)극 : 성냥불이 '퍽' 소리를 내며 탄다. ➡ 수소 기체 발생

❹ 물은 산소와 수소로 분해되므로 원소가 아니다.

2 원소 더 이상 다른 물질로 분해되지 않으면서 물질을 이루는 기본 성분

(1) 현재까지 알려진 원소의 종류는 120여 가지이다.
   - 예 수소, 산소, 탄소, 질소, 구리, 철, 은, 금, 알루미늄 등

(2) 90여 가지는 자연에서 발견된 것이고, 그 밖의 원소는 인공적으로 만든 것이다.

(3) 물질을 이루는 원소 : 우리 주변의 모든 물질은 원소로 이루어져 있다.

물질	알루미늄 포일	다이아몬드	소금	설탕
구성 원소	알루미늄	탄소	나트륨, 염소	탄소, 수소, 산소

(4) 원소의 이용

수소	우주 왕복선의 연료	산소	물질 연소, 생물 호흡
철	기계, 건축 재료	금	장신구의 재료
헬륨	비행선의 충전 기체	구리	전선
규소	반도체 소자	질소	과자 봉지의 충전제

B 원소를 확인하는 방법

1 불꽃 반응 일부 금속 원소나 금속 원소가 포함된 물질을 불꽃에 넣을 때 특정한 불꽃 반응 색이 나타나는 현상

(1) 여러 가지 원소의 불꽃 반응 색

리튬	나트륨	칼륨	칼슘	스트론튬	바륨	구리
빨간색	노란색	보라색	주황색	빨간색	황록색	청록색

(2) 불꽃 반응의 특징

① 실험 방법이 간단하다.

② 시료의 양이 적어도 물질 속에 포함된 금속 원소의 종류를 알 수 있다.

③ 물질의 종류가 달라도 같은 금속 원소를 포함하면 같은 불꽃 반응 색이 나타난다.
   - 예 염화 나트륨, 질산 나트륨 ➡ 불꽃 반응 색이 노란색으로 같다.

④ 불꽃 반응 색이 비슷한 경우에는 불꽃 반응으로 원소를 구별하기 어렵다.
   - 예 리튬, 스트론튬 ➡ 불꽃 반응 색이 빨간색으로 비슷하여 구별하기 어렵다.

탐구 원소의 불꽃 반응

1. 도가니에 솜을 넣고 염화 나트륨을 녹인 에탄올 수용액으로 충분히 적신다.
2. 과정 1의 솜에 점화기로 불을 붙인 후 염화 나트륨의 불꽃 반응 색을 관찰한다.

염화 나트륨을 녹인 에탄올 수용액 ➡ 불꽃 반응 색
도가니

3. 과정 1과 과정 2를 반복하여 준비한 시료의 불꽃 반응 색을 관찰한다.

➕ 결과 및 정리

물질	염화 나트륨	염화 칼륨	염화 구리(Ⅱ)
불꽃 반응 색	노란색	보라색	청록색
물질	질산 나트륨	질산 칼륨	질산 구리(Ⅱ)
불꽃 반응 색	노란색	보라색	청록색

❶ 같은 종류의 금속 원소가 포함되어 있는 물질은 불꽃 반응 색이 같다.
➡ 나트륨 : 노란색, 칼륨 : 보라색, 구리 : 청록색
❷ 불꽃 반응 실험을 하면 물질에 포함된 일부 금속 원소의 종류를 알 수 있다.

2 스펙트럼 빛을 분광기에 통과시킬 때 나타나는 여러 가지 색의 띠
(1) 스펙트럼의 종류

연속 스펙트럼	선 스펙트럼
햇빛을 분광기로 관찰할 때 나타나는 연속적인 색의 띠	금속 원소의 불꽃을 분광기로 관찰할 때 특정 부분에만 나타나는 밝은 색 선의 띠
▲ 햇빛의 연속 스펙트럼	▲ 나트륨의 선 스펙트럼

(2) 선 스펙트럼의 특징
① 금속 원소의 종류에 따라 스펙트럼에서 선의 위치, 색깔, 굵기, 개수 등이 다르다.
② 불꽃 반응 색이 비슷한 원소를 구별할 수 있다.
    예 리튬과 스트론튬은 불꽃 반응 색이 빨간색으로 비슷하지만 선 스펙트럼의 모양은 다르게 나타난다.

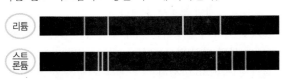

리튬
스트론튬

③ 물질 속에 여러 가지 금속 원소가 섞여 있어도 각 원소의 스펙트럼이 모두 합쳐져서 나타나므로 원소의 종류를 확인할 수 있다.

개념 확인하기

1 물질의 기본 성분에 대한 학자들의 생각으로 옳은 것은 ○, 옳지 않은 것은 ×로 표시하시오.
(1) 아리스토텔레스는 모든 물질의 근원이 물이라고 주장하였다. ⋯⋯⋯⋯⋯⋯⋯⋯⋯⋯⋯⋯ ( )
(2) 탈레스는 만물의 근원이 물, 불, 흙, 공기라고 주장하였다. ⋯⋯⋯⋯⋯⋯⋯⋯⋯⋯⋯⋯ ( )
(3) 보일은 원소는 더 이상 분해되지 않는 단순한 물질이라고 주장하였다. ⋯⋯⋯⋯⋯⋯⋯⋯ ( )

2 라부아지에는 물 분해 실험을 통해 물이 수소와 산소로 나누어지는 것을 확인하여 물이 ( )가 아님을 증명하였다.

3 물을 분해할 때 (+)극에서 발생하는 기체에 불씨만 남은 향불을 가까이 하면 향불이 (꺼진다, 다시 타오른다).

4 물을 분해할 때 (−)극에서 발생하는 기체에 성냥불을 가까이 하면 '퍽' 소리를 내며 타는 것으로 보아 (−)극에서 발생하는 것은 ( ) 기체이다.

5 더 이상 분해되지 않으면서 물질을 이루는 기본 성분은 ( )이다.

6 물질의 연소와 생물의 호흡에 이용되는 원소는 ( )이다.

7 염화 리튬의 불꽃 반응 색은 ( ), 염화 구리(Ⅱ)의 불꽃 반응 색은 ( ), 질산 나트륨의 불꽃 반응 색은 ( ), 질산 바륨의 불꽃 반응 색은 ( )이다.

8 다른 종류의 물질이라도 같은 종류의 금속 원소를 포함하면 불꽃 반응 색은 (같다, 다르다).

9 햇빛을 분광기로 관찰할 때 나타나는 연속적인 색의 띠는 ( ) 스펙트럼이고, 금속 원소의 불꽃을 분광기로 관찰할 때 특정 부분에만 나타나는 밝은 색 선의 띠는 ( ) 스펙트럼이다.

10 ( ) 스펙트럼은 원소의 종류에 따라 선의 위치, 색깔, 굵기, 개수 등이 다르므로 불꽃 반응 색이 비슷한 원소도 구별할 수 있다.

족집게 문제

핵심 족보

A

1 물 분해 실험 ★★★

라부아지에 물 분해 실험 결과	물의 전기 분해 실험 결과
• 물이 분해되어 발생한 산소가 주철관을 녹슬게 하였다. • 냉각수를 통과한 물질에서는 수소가 얻어졌다.	• (+)극 : 산소 기체 발생 ➡ 향불이 다시 타오르는 것으로 확인 • (−)극 : 수소 기체 발생 ➡ 성냥불이 '퍽' 소리를 내며 타는 것으로 확인

[정리] 물은 수소와 산소로 분해되므로 원소가 아니다.

2 원소인 것과 원소가 아닌 것 ★★★

원소인 것	원소가 아닌 것
수소, 산소, 탄소, 질소, 철, 구리, 은, 금, 알루미늄 등	물, 소금, 설탕, 공기, 바닷물 등

B

3 [같은 실험 다른 방법] 원소의 불꽃 반응 ★★

• 니크롬선을 묽은 염산과 증류수로 씻는다. ➡ 불순물 제거
• 니크롬선을 토치의 겉불꽃에 넣고 다른 색깔이 나타나지 않을 때까지 가열한다.
• 니크롬선에 시료를 묻혀 토치의 겉불꽃에 넣고 불꽃 반응 색을 관찰한다.

니크롬선

♀ 니크롬선을 겉불꽃에 넣는 까닭 : 겉불꽃은 온도가 매우 높고 무색이므로 불꽃 반응 색을 관찰하기 좋기 때문

4 여러 가지 원소의 불꽃 반응 색 ★★★

리튬	나트륨	칼륨	칼슘	스트론튬	바륨	구리
빨간색	노란색	보라색	주황색	빨간색	황록색	청록색

5 염화 칼슘과 질산 칼슘의 불꽃 반응 색 ★★★

두 물질은 공통적으로 금속 원소인 칼슘을 포함하므로 주황색의 불꽃 반응 색이 나타난다.

6 선 스펙트럼 분석 ★★★

물질 X의 스펙트럼에 나타난 선을 따라 점선을 그은 후, 원소의 스펙트럼에 나타난 선이 점선과 모두 겹치는지 확인한다.

➡ 원소 A와 C의 선이 물질 X의 스펙트럼과 겹치므로 물질 X는 원소 A와 C를 포함한다.

중요 1 그림과 같이 뜨거운 주철관에 물을 부었더니 주철관 안이 녹슬어 질량이 증가하였고, 집기병에는 수소가 모아졌다.

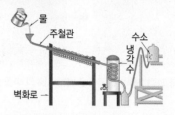

이 실험에 대한 설명으로 옳은 것을 보기에서 모두 고른 것은?

• 보기 •
ㄱ. 보일의 물 분해 실험이다.
ㄴ. 물은 주철관 안에서 수소와 산소로 분해된다.
ㄷ. 물은 물질을 이루는 원소가 아님을 알 수 있다.
ㄹ. 이 실험을 통해 아리스토텔레스의 주장이 옳지 않음을 증명하였다.

① ㄱ, ㄴ   ② ㄴ, ㄷ   ③ ㄷ, ㄹ
④ ㄱ, ㄴ, ㄷ   ⑤ ㄴ, ㄷ, ㄹ

2 그림은 물의 전기 분해 실험 장치를 나타낸 것이다.

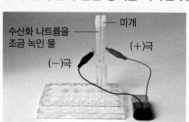

이에 대한 설명으로 옳지 않은 것은?

① 순수한 물은 전류가 흐르지 않기 때문에 수산화 나트륨을 조금 녹인다.
② (+)극에서 발생하는 기체의 부피는 (−)극에서 발생하는 기체의 부피보다 크다.
③ (+)극에서 발생하는 기체에 불씨만 남은 향불을 가까이 하면 다시 타오른다.
④ (−)극에서 발생하는 기체에 성냥불을 가까이 하면 '퍽' 소리를 내며 탄다.
⑤ 이 실험에서 물은 수소와 산소로 분해되므로 물질을 이루는 기본 성분이 아님을 알 수 있다.

난이도 ◉◉◉ 시험에 꼭 나오는 출제 가능성이 높은 예상 문제로 구성하고, 난이도를 표시하였습니다.

중요 **3** 원소에 대한 설명으로 옳지 <u>않은</u> 것은?

① 물질을 이루는 기본 성분이다.
② 더 이상 다른 물질로 분해되지 않는다.
③ 원소의 종류는 물질의 종류보다 많다.
④ 원소 중에는 인공적으로 만든 것도 있다.
⑤ 현재까지 120여 가지의 원소가 알려져 있다.

중요 **4** 원소에 해당하는 것을 보기에서 모두 고른 것은?

• 보기 •
ㄱ. 물   ㄴ. 수소   ㄷ. 산소
ㄹ. 소금   ㅁ. 설탕   ㅂ. 나트륨
ㅅ. 알루미늄   ㅇ. 이산화 탄소

① ㄱ, ㄴ, ㄷ, ㄹ   ② ㄱ, ㄹ, ㅁ, ㅇ
③ ㄴ, ㄷ, ㄹ, ㅁ   ④ ㄴ, ㄷ, ㅂ, ㅅ
⑤ ㄷ, ㄹ, ㅅ, ㅇ

5 원소의 성질과 이용에 대한 설명으로 옳지 <u>않은</u> 것은?

① 구리 – 전기가 잘 통하므로 전선으로 이용된다.
② 철 – 단단하여 건물이나 다리의 철근 등에 이용된다.
③ 질소 – 과자 봉지의 충전제로 이용된다.
④ 헬륨 – 비행선의 충전 기체로 이용된다.
⑤ 수소 – 물질의 연소나 생물의 호흡에 이용된다.

6 불꽃 반응 실험에 대한 설명으로 옳지 <u>않은</u> 것은?

① 실험 방법이 쉽고 간단하다.
② 물질의 양이 적어도 불꽃 반응 색을 확인할 수 있다.
③ 물질 속에 포함된 모든 원소의 종류를 구별할 수 있다.
④ 같은 종류의 금속 원소를 포함하면 불꽃 반응 색이 같다.
⑤ 리튬과 스트론튬은 불꽃 반응 색으로 구별하기 어렵다.

중요 **7** 다음 물질을 이용하여 불꽃 반응 실험을 하였다.

• 염화 구리(Ⅱ)   • 질산 칼슘   • 황산 칼륨
• 염화 나트륨   • 질산 나트륨   • 황산 구리(Ⅱ)

이때 관찰할 수 있는 불꽃 반응 색이 <u>아닌</u> 것은?

① 보라색   ② 빨간색   ③ 노란색
④ 청록색   ⑤ 주황색

중요 **8** 같은 불꽃 반응 색을 나타내는 물질을 옳게 짝 지은 것은?

① 질산 칼륨, 염화 칼슘
② 황산 리튬, 황산 칼륨
③ 질산 구리(Ⅱ), 질산 바륨
④ 염화 구리(Ⅱ), 질산 구리(Ⅱ)
⑤ 염화 스트론튬, 염화 구리(Ⅱ)

9 표는 몇 가지 물질로 불꽃 반응 실험을 한 결과이다.

물질	염화 스트론튬	질산 스트론튬	염화 바륨	질산 구리(Ⅱ)
불꽃 반응 색	빨간색	빨간색	황록색	청록색

이에 대한 설명으로 옳지 <u>않은</u> 것은?

① 스트론튬의 불꽃 반응 색은 빨간색이다.
② 염화 바륨의 불꽃 반응 색은 염소 때문에 나타난다.
③ 황산 구리(Ⅱ)의 불꽃 반응 색은 청록색일 것이다.
④ 물질의 불꽃 반응 색은 금속 원소에 의해 나타난다.
⑤ 염화 칼륨과 질산 칼륨은 같은 불꽃 반응 색이 나타날 것이다.

10 스펙트럼에 대한 설명으로 옳지 <u>않은</u> 것은?

① 햇빛을 분광기로 관찰하면 연속 스펙트럼이 나타난다.
② 금속 원소의 불꽃을 분광기로 관찰하면 선 스펙트럼이 나타난다.
③ 스펙트럼을 이용하여 불꽃 반응 색이 비슷한 원소를 구별할 수 있다.
④ 금속 원소의 종류에 따라 스펙트럼에서 선의 위치와 색깔이 다르다.
⑤ 여러 가지 금속 원소가 섞여 있으면 스펙트럼이 나타나지 않는다.

중요 11 그림은 리튬, 스트론튬, 칼슘과 물질 X의 선 스펙트럼을 나타낸 것이다.

물질 X에 포함된 원소로만 옳게 짝 지은 것은?

① 리튬　　② 스트론튬　　③ 칼슘
④ 리튬, 칼슘　　⑤ 스트론튬, 칼슘

Step 2 자주 나오는 문제

12 물질을 이루는 기본 성분에 대한 학자들의 생각으로 옳은 것을 보기에서 모두 고른 것은?

• 보기 •
ㄱ. 탈레스 : 물질은 4가지의 기본 성분으로 되어 있으며, 이들을 조합하면 여러 가지 물질을 만들 수 있다.
ㄴ. 아리스토텔레스 : 물질의 근원은 물이다.
ㄷ. 보일 : 모든 물질은 더 이상 분해되지 않는 원소로 이루어져 있다.
ㄹ. 라부아지에 : 물이 수소와 산소로 분해되는 것을 확인하여 물이 원소가 아님을 증명하였다.

① ㄱ, ㄴ　　② ㄴ, ㄷ　　③ ㄷ, ㄹ
④ ㄱ, ㄴ, ㄷ　　⑤ ㄴ, ㄷ, ㄹ

13 더 이상 분해되지 않으면서 물질을 이루는 기본 성분이 아닌 것을 모두 고르면?(2개)

① 물　　② 질소　　③ 탄소
④ 헬륨　　⑤ 공기

14 국이 끓어 넘치면 가스레인지의 불꽃이 노란색으로 변한다. 국 속에 포함되어 있는 금속 원소로 볼 수 있는 것은?

① 리튬　　② 칼륨　　③ 칼슘
④ 구리　　⑤ 나트륨

15 그림은 불꽃 반응 실험 과정을 나타낸 것이다.

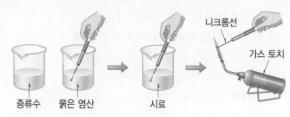

이 실험에 대한 설명으로 옳은 것은?

① 모든 원소를 확인할 수 있다.
② 시료를 묻힌 니크롬선을 속불꽃에 넣고 색을 관찰한다.
③ 시료의 양이 적으면 불꽃 반응 색을 구별하기 어렵다.
④ 니크롬선을 묽은 염산과 증류수로 씻는 까닭은 니크롬선에 묻어 있는 불순물을 제거하기 위이다.
⑤ 시료의 종류가 다르면 같은 금속 원소를 포함해도 다른 불꽃 반응 색이 나타난다.

중요 16 불꽃 반응으로 구별할 수 없어 스펙트럼을 관찰해야 하는 물질을 옳게 짝 지은 것은?

① 질산 리튬 — 염화 칼슘
② 질산 나트륨 — 질산 칼륨
③ 질산 구리(Ⅱ) — 염화 칼륨
④ 질산 스트론튬 — 염화 리튬
⑤ 염화 나트륨 — 염화 스트론튬

중요 17 그림은 원소 (가)~(다)와 물질 A, B의 선 스펙트럼을 나타낸 것이다.

이에 대한 설명으로 옳은 것을 모두 고르면?(2개)

① 불꽃 반응 색이 달라도 선 스펙트럼은 같을 수 있다.
② 원소의 종류에 따라 선의 개수 및 위치가 다르다.
③ 물질 A에는 (나)가 포함되어 있다.
④ 물질 B에 들어 있는 원소는 (가)와 (다)이다.
⑤ 물질 A, B에 공통적으로 들어 있는 원소는 (다)이다.

Step 3 만점! 도전 문제

18 한 종류의 원소로 이루어진 물질을 모두 고르면?(2개)

① 물   ② 소금   ③ 설탕
④ 다이아몬드   ⑤ 알루미늄 포일

19 다음은 몇 가지 원소의 이용에 대한 설명이다.

> (가) 가장 가벼운 원소로, 우주 왕복선의 연료로 이용된다.
> (나) 다른 물질과 거의 반응하지 않아 과자 봉지의 충전제로 이용된다.

(가), (나)의 원소 이름을 순서대로 옳게 나타낸 것은?

① 헬륨, 질소   ② 헬륨, 산소   ③ 수소, 산소
④ 수소, 질소   ⑤ 산소, 수소

중요 20 염화 칼슘은 염소와 칼슘으로 이루어져 있고, 주황색의 불꽃 반응 색이 나타난다. 이때 주황색의 불꽃 반응 색이 어떤 원소에 의해 나타나는지 알아보기 위해 불꽃 반응 실험을 해야 하는 물질로만 옳게 짝 지은 것은?

① 질산 나트륨, 탄산 칼륨
② 염화 구리(Ⅱ), 탄산 칼슘
③ 염화 구리(Ⅱ), 질산 칼륨
④ 염화 나트륨, 황산 스트론튬
⑤ 질산 구리(Ⅱ), 황산 스트론튬

중요 21 그림은 두 종류의 스펙트럼을 나타낸 것이다.

(가)
(나)

이에 대한 설명으로 옳지 <u>않은</u> 것은?

① (가)는 연속 스펙트럼, (나)는 선 스펙트럼이다.
② (가)는 햇빛을 분광기로 관찰한 것이다.
③ (나)는 시료의 불꽃을 분광기로 관찰한 것이다.
④ (가)는 금속 원소의 종류에 따라 선의 색깔, 개수, 위치 등이 다르게 나타난다.
⑤ 불꽃 반응 색이 비슷해도 다른 종류의 원소라면 (나)의 스펙트럼이 다르게 나타난다.

22 라부아지에는 그림과 같이 장치하고 뜨거운 주철관 안으로 물을 통과시켰다.

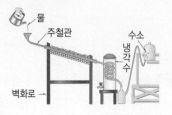

> [실험 결과]
> • 산소가 주철관의 철과 결합하여 주철관의 질량이 증가하였다.
> • 집기병에는 냉각수를 통과한 수소 기체가 모아졌다.

실험 결과로 라부아지에가 알 수 있었던 사실은 무엇인지 서술하시오.

_____
_____

23 다음 물질로 불꽃 반응 실험을 할 때 같은 불꽃 반응 색이 나타나는 물질을 고르고, 그 까닭을 불꽃 반응 색을 나타내는 원소, 불꽃 반응 색을 포함하여 서술하시오.

> 염화 나트륨, 염화 칼륨, 황산 칼륨, 황산 칼슘

_____
_____

24 그림은 임의의 원소 A~C와 물질 (가)의 선 스펙트럼을 나타낸 것이다.

A
B
C
물질 (가)

원소 A~C 중 물질 (가)에 포함된 원소를 모두 고르고, 그 까닭을 서술하시오.

_____
_____

02 원자와 분자

Ⓐ 원자

1 원자 물질을 이루는 기본 입자

(1) **원자의 구조** : 원자의 중심에 (+)
전하를 띠는 원자핵이 있고, (−)
전하를 띠는 전자가 그 주위를 움
직이고 있다.

① 한 원자 안에서 원자핵의 (+)전하량과 전자의 총 (−)전하
량이 같다. ➡ 원자는 전기적으로 중성이다.

② 원자의 종류에 따라 원자핵의 전하량과 전자 수가 다르다.

(2) **원자의 크기와 질량**

① 원자는 지름이 10^{-10} m 정도로 매우 작아서 눈에 보이지
않는다.

② 원자핵과 전자의 크기는 원자에 비해 매우 작으므로 원자
의 대부분은 빈 공간이다.

③ 원자핵의 질량은 전자의 질량에 비해 매우 크므로 원자핵
의 질량이 원자 질량의 대부분을 차지한다.

2 원자 모형 크기가 작아 맨눈으로 볼 수 없는 원자를 모형
으로 나타낸 것

원자	헬륨	산소
원자 모형	(원자핵 +2, 전자)	(원자핵 +8, 전자)
원자핵의 전하량	+2	+8
전자 수(개)	2	8

Ⓑ 분자

1 분자 독립된 입자로 존재하여, 물질의 성질을 나타내는
가장 작은 입자

(1) 원자가 결합하여 이루어진다.

(2) 결합하는 원자의 종류와 수에 따라 분자의 종류가 달라진다.

(3) 원자로 나누어지면 물질의 성질을 잃는다.

2 분자 모형 크기가 매우 작아 맨눈으로 직접 관찰할 수 없
는 분자를 모형으로 나타낸 것

분자	분자 모형	분자를 이루는 원자의 종류와 수
물		산소 원자 1개 수소 원자 2개
염화 수소		수소 원자 1개 염소 원자 1개

Ⓒ 원소와 분자의 표현

1 원소 기호 원소를 나타내는 기호

(1) **원소 기호의 변천**

① 연금술사 : 여러 가지 물질을 자신들만 아는 그림으로 표시

② 돌턴 : 원 안에 알파벳과 그림을 넣어서 표시

③ 베르셀리우스 : 알파벳을 이용한 현재의 원소 기호 제안

(2) **원소 기호를 나타내는 방법**

❶ 원소 이름의 첫 글자를 알파벳의 **대문자**로 나타낸다.

❷ 첫 글자가 같을 때는 중간 글자를 택하여 첫 글자 다음에 **소
문자**로 나타낸다.

탄소		염소	
Carboneum 라틴어 이름	➡ C 원소 기호	**Chlorum** 라틴어 이름	➡ Cl 원소 기호

(3) **여러 가지 원소의 원소 기호**

원소 이름	원소 기호	원소 이름	원소 기호
수소	H	헬륨	He
탄소	C	질소	N
산소	O	플루오린	F
철	Fe	나트륨(소듐)	Na
마그네슘	Mg	알루미늄	Al
염소	Cl	칼륨(포타슘)	K

2 분자식 원소 기호를 사용하여 분자를 이루는 원자의 종류
와 수를 나타낸 것

(1) **분자식을 나타내는 방법**

❶ 분자를 이루는 원자의 종류를 원소 기호로 나타낸다.

❷ 분자를 이루는 원자의 개수를 원소 기호의 오른쪽 아래에 작
은 숫자로 표시한다.(단, 1은 생략함)

암모니아 분자의 개수 — $4NH_3$ — 질소와 수소의 원소 기호

질소 원자의 개수(1은 생략함) · 수소 원자의 개수

(2) **여러 가지 물질의 분자식과 분자 모형**

분자식	O_2(산소)	CO_2(이산화 탄소)	H_2O(물)
분자 모형			
분자식	NH_3(암모니아)	H_2O_2(과산화 수소)	CH_4(메테인)
분자 모형			

개념 확인하기 ──────────── 정답과 해설 **3쪽**

1 물질을 이루는 기본 입자는 ( )이다.

2 원자는 ((＋), (－))전하를 띠는 원자핵과 ((＋), (－))전하를 띠는 전자로 이루어져 있다.

3 ( )의 (＋)전하량과 ( )의 총 (－)전하량이 같으므로 원자는 전기적으로 중성이다.

4 오른쪽 원자 모형에서 원자핵의 전하량은 ( )이고, 전자 수는 ( )개이다.

5 물질의 성질을 나타내는 가장 작은 입자는 ( )이다.

6 분자에 대한 설명으로 옳은 것은 ○, 옳지 않은 것은 ×로 표시하시오.

(1) 결합하는 원자의 종류와 수에 따라 분자의 종류가 달라진다. ·························· ( )

(2) 분자는 원자로 나누어져도 그 성질을 잃지 않는다. ·························· ( )

7 원소 기호를 나타낼 때 첫 글자는 알파벳의 ( )로 나타내고, 첫 글자가 같을 때는 중간 글자를 택하여 첫 글자 다음에 ( )로 나타낸다.

8 표는 원소 이름과 원소 기호를 나타낸 것이다. 빈칸에 알맞은 원소 이름이나 원소 기호를 쓰시오.

원소 이름	원소 기호	원소 이름	원소 기호
탄소	㉠( )	플루오린	㉡( )
㉢( )	Na	질소	㉣( )
알루미늄	㉤( )	㉥( )	K

9 ( )은 원소 기호를 사용하여 분자를 이루는 원자의 종류와 수를 나타낸 것이다.

10 다음 분자의 분자식을 쓰시오.

(1) 수소 : ( )   (2) 물 : ( )

(3) 이산화 탄소 : ( )   (4) 암모니아 : ( )

핵심 족보

A **1** 원자의 구조 ★★★

원자핵	전자
• (＋)전하를 띤다. • 원자의 중심에 위치한다. • 원자 질량의 대부분을 차지한다.	• (－)전하를 띤다. • 원자핵 주위를 움직이고 있다.

원자핵의 (＋)전하량 = 전자의 총 (－)전하량
➡ 원자는 전기적으로 중성이다.

2 원자 모형 해석 ★★★

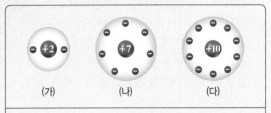

• 원자핵의 전하량 : (가) ＋2, (나) ＋7, (다) ＋10
• 전자의 수 : (가) 2개, (나) 7개, (다) 10개
• 전자의 총 전하량 : (가) －2, (나) －7, (다) －10

B **3** 원소, 원자, 분자 ★★★

원소	물질의 기본 성분(원자의 종류)
원자	물질을 이루는 기본 입자
분자	물질의 성질을 나타내는 가장 작은 입자

C **4** 분자식으로 알 수 있는 것 ★★★

분자식	$4NH_3$		
분자의 종류	암모니아	분자의 총개수	4개
분자를 이루는 원자의 종류	질소(N), 수소(H)		
분자 1개를 이루는 원자의 개수	4개(N 1개, H 3개)		
원자의 총개수	16개(N 4개, H 12개)		

5 분자식과 분자 모형 ★★★

H_2(수소)	HCl (염화 수소)	CO (일산화 탄소)	O_3(오존)
H H	H Cl	C O	O O O

Step 1 반드시 나오는 문제

중요 1 오른쪽 그림은 원자의 구조를 모형으로 나타낸 것이다. 이에 대한 설명으로 옳지 않은 것은?

① A는 (+)전하를 띠는 원자핵이다.
② B는 (−)전하를 띠는 전자이다.
③ A는 B에 비해 질량이 매우 크다.
④ B는 A 주위를 움직이고 있다.
⑤ A는 원자 대부분의 공간을 차지하고 있다.

중요 2 원자가 전기적으로 중성인 까닭으로 옳은 것은?

① 원자핵이 (+)전하를 띠기 때문
② 전자가 (−)전하를 띠기 때문
③ 원자핵과 전자의 질량이 같기 때문
④ 원자핵과 전자가 강하게 결합하고 있기 때문
⑤ 원자핵의 (+)전하량과 전자의 총 (−)전하량이 같기 때문

3 오른쪽 그림은 어떤 원자의 모형을 나타낸 것이다. 이에 대한 설명으로 옳지 않은 것은?

① 원자핵의 전하량은 +8이다.
② 전자의 총 전하량은 −1이다.
③ 전자의 수는 8개이다.
④ 원자핵 주위에서 움직이는 전자는 총 8개이다.
⑤ 원자핵과 전자의 전하의 총합은 0이다.

4 분자에 대한 설명으로 옳지 않은 것은?

① 원자가 결합하여 이루어진다.
② 원자로 나누어지면 물질의 성질을 잃는다.
③ 물질의 성질을 나타내는 가장 작은 입자이다.
④ 크기가 매우 작아 맨눈으로 직접 관찰할 수 없다.
⑤ 같은 종류의 원자로 이루어져 있으면 원자의 수가 달라도 같은 물질이다.

5 원소 기호에 대한 설명으로 옳지 않은 것은?

① 원소를 나타내는 간단한 기호이다.
② 현재의 원소 기호는 베르셀리우스가 제안하였다.
③ 원소 기호는 항상 두 글자로 나타낸다.
④ 원소 기호의 첫 글자는 반드시 대문자로 나타낸다.
⑤ 원소를 기호로 나타내면 사용하는 언어가 달라도 의미를 전달할 수 있다.

중요 6 원소 이름과 원소 기호를 잘못 짝 지은 것은?

① 질소 – N   ② 탄소 – C
③ 헬륨 – Hg   ④ 플루오린 – F
⑤ 마그네슘 – Mg

중요 7 다음 분자식에 대한 설명으로 옳지 않은 것은?

$$3NH_3$$

① 암모니아의 분자식이다.
② 분자의 총개수는 3개이다.
③ 원자의 총개수는 12개이다.
④ 분자 1개를 이루는 원자의 총개수는 3개이다.
⑤ 이 분자는 질소 원자와 수소 원자로 이루어져 있다.

8 분자식과 분자 모형을 옳게 짝 지은 것은?

① CO_2 – 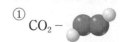   ② H_2O –

③ NH_3 –   ④ H_2O_2 –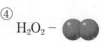

⑤ CH_4 –

난이도 ◍◍◍ 시험에 꼭 나오는 출제 가능성이 높은 예상 문제로 구성하고, 난이도를 표시하였습니다.

Step 2 자주 나오는 문제

9 원자에 대한 설명으로 옳지 <u>않은</u> 것은?

① 물질을 이루는 기본 입자이다.
② 원자핵과 전자로 이루어져 있다.
③ 크기가 매우 작아 맨눈으로 볼 수 없다.
④ 원자 질량의 대부분은 전자가 차지한다.
⑤ 원자핵의 (+)전하량과 전자의 총 (−)전하량이 같다.

10 다음은 이산화 탄소와 물을 이루는 성분과 입자에 대한 설명이다.

> • 이산화 탄소를 이루는 성분 ㉠(　　　)는 탄소와 산소 이다.
> • 물 분자는 수소 ㉡(　　　) 2개와 산소 ㉢(　　　) 1개 로 이루어져 있다.

㉠~㉢에 들어갈 말을 옳게 짝 지은 것은?

	㉠	㉡	㉢		㉠	㉡	㉢
①	원소	원소	원소	②	원자	원소	원소
③	원자	원자	원소	④	원소	원자	원자
⑤	원소	원자	원소				

중요 11 표는 여러 가지 원소 이름과 원소 기호를 나타낸 것이다.

원소 이름	원소 기호	원소 이름	원소 기호
리튬	Li	플루오린	①(　　)
②(　　)	He	나트륨	③(　　)
④(　　)	Cl	철	⑤(　　)

(　　) 안에 들어갈 원소 이름이나 원소 기호로 옳은 것은?

① Fe　　　　② 수소　　　　③ Na
④ 탄소　　　　⑤ F

12 물질의 이름과 분자식을 <u>잘못</u> 짝 지은 것은?

① 수소 – H_2　　　　② 물 – H_2O_2
③ 암모니아 – NH_3　　　④ 염화 수소 – HCl
⑤ 메테인 – CH_4

Step 3 만점! 도전 문제

중요 13 그림은 원자가 결합하여 만들어진 두 종류의 분자를 모형으로 나타낸 것이다.

(가)　　　　(나)

이에 대한 설명으로 옳지 <u>않은</u> 것은?(단, ●은 산소 원자, ○은 수소 원자이다.)

① (가)와 (나)는 독립된 입자로 존재한다.
② (가)는 산소 분자이고, (나)는 물 분자이다.
③ (가)는 산소 원자 2개가 결합하여 만들어진다.
④ (나)는 산소 원자 1개와 수소 원자 2개가 결합하여 만들어진다.
⑤ (가)를 이루는 원자의 종류는 2가지이고, (나)를 이루는 원자의 종류는 3가지이다.

서술형 문제

14 표는 몇 가지 원자가 가지고 있는 원자핵의 전하량을 나타낸 것이다.

구분	리튬	탄소	산소
원자핵의 전하량	+3	+6	+8

(1) 각 원자가 가지고 있는 전자의 수를 쓰시오.

(2) 각 원자가 전기적으로 중성인 까닭을 서술하시오.

15 그림은 일산화 탄소와 이산화 탄소의 분자 모형을 나타낸 것이다.

(가)　　　　(나)

(1) (가)와 (나)를 분자식으로 나타내시오.

(2) (가)와 (나)를 이루는 원자의 종류는 같지만, (가)와 (나)는 다른 물질이다. 그 까닭을 서술하시오.

03 이온

Ⓐ 이온

1 이온 원자가 전자를 잃거나 얻어서 전하를 띠는 입자

(1) 양이온 : 원자가 전자를 잃어서 (+)전하를 띠는 입자

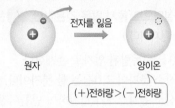

전자를 잃음

원자 → 양이온

(+)전하량>(−)전하량

(2) 음이온 : 원자가 전자를 얻어서 (−)전하를 띠는 입자

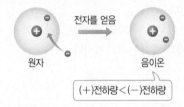

전자를 얻음

원자 → 음이온

(+)전하량<(−)전하량

2 이온의 이름과 이온식

(1) 이온의 이름

① 양이온 : 원소의 이름 뒤에 '~ 이온'을 붙여서 읽는다.

② 음이온 : 원소의 이름 뒤에 '~화 이온'을 붙여서 읽는다. (단, '~소'로 끝나는 경우에는 '소'를 생략하고 '~화 이온'을 붙여서 읽는다.)

(2) 이온식 : 원소 기호의 오른쪽 위에 잃거나 얻은 전자의 개수와 전하의 종류를 함께 표시하여 나타낸다.

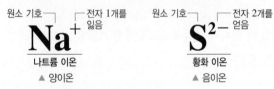

원소 기호 ── 전자 1개를 잃음

$$Na^+$$

나트륨 이온

▲ 양이온

원소 기호 ── 전자 2개를 얻음

$$S^{2-}$$

황화 이온

▲ 음이온

(3) 여러 가지 이온의 이름과 이온식

양이온		음이온	
이름	이온식	이름	이온식
수소 이온	H^+	염화 이온	Cl^-
리튬 이온	Li^+	수산화 이온	OH^-
칼륨 이온	K^+	질산 이온	NO_3^-
암모늄 이온	NH_4^+	산화 이온	O^{2-}
칼슘 이온	Ca^{2+}	탄산 이온	CO_3^{2-}
마그네슘 이온	Mg^{2+}	황산 이온	SO_4^{2-}

3 이온의 전하 확인 이온이 들어 있는 수용액에 전원 장치를 연결하면 (+)전하를 띠는 양이온은 (−)극으로, (−)전하를 띠는 음이온은 (+)극으로 이동한다. ➡ 이온이 전하를 띠기 때문

탐구 이온의 전하 확인

1. 페트리 접시에 질산 칼륨 수용액(K^+, NO_3^-)을 넣은 다음 전원 장치를 연결한다.

   ♀ 질산 칼륨 수용액을 넣는 까닭 : 순수한 물은 전류가 흐르지 않으므로 전류가 잘 흐르게 하기 위해

2. 페트리 접시 중앙에 황산 구리(Ⅱ) 수용액(Cu^{2+}, SO_4^{2-})을 떨어뜨린 후 변화를 관찰한다.

3. 과망가니즈산 칼륨 수용액(K^+, MnO_4^-)을 이용하여 과정 1과 과정 2를 반복한다.

➕ 결과 및 정리

❶ 파란색이 (−)극으로 이동한다. ➡ 파란색 성분은 (+)전하를 띠므로 구리 이온(Cu^{2+})이다.

❷ 보라색이 (+)극으로 이동한다. ➡ 보라색 성분은 (−)전하를 띠므로 과망가니즈산 이온(MnO_4^-)이다.

(−)극 (+)극   (−)극 (+)극

❸ 양이온은 (−)극으로, 음이온은 (+)극으로 이동한다.

➡ 칼륨 이온(K^+)은 (−)극으로, 질산 이온(NO_3^-), 황산 이온(SO_4^{2-})은 (+)극으로 이동하지만 색깔을 띠지 않으므로 눈으로 확인할 수 없다.

Ⓑ 이온의 확인

1 앙금 생성 반응

(1) 앙금 : 양이온과 음이온이 반응하여 생성되는 물에 잘 녹지 않는 물질

(2) 앙금 생성 반응 : 두 수용액을 섞었을 때 이온이 반응하여 앙금을 생성하는 반응 ➡ 수용액에 들어 있는 이온을 확인할 수 있다.

예 염화 나트륨 수용액과 질산 은 수용액의 반응 : 염화 이온(Cl^-)과 은 이온(Ag^+)이 반응하여 흰색 앙금인 염화 은($AgCl$)을 생성한다.

$$Ag^+ + Cl^- \longrightarrow AgCl\downarrow$$

염화 나트륨 수용액   질산 은 수용액   혼합 용액

2 여러 가지 앙금 생성 반응

앙금	반응	색깔
아이오딘화 납	Pb^{2+} + $2I^-$ $\longrightarrow$ $PbI_2\downarrow$ (노란색) 납 이온　아이오딘화　아이오딘화 　　　　　이온　　　납	
탄산 칼슘	Ca^{2+} + CO_3^{2-} $\longrightarrow$ $CaCO_3\downarrow$ (흰색) 칼슘 이온　탄산 이온　　탄산 칼슘	
황산 바륨	Ba^{2+} + SO_4^{2-} $\longrightarrow$ $BaSO_4\downarrow$ (흰색) 바륨 이온　황산 이온　　황산 바륨	
황화 구리 (Ⅱ)	Cu^{2+} + S^{2-} $\longrightarrow$ $CuS\downarrow$ (검은색) 구리 이온　황화 이온　황화 구리(Ⅱ)	

3 앙금 생성 반응을 이용한 이온의 확인

(1) 수돗물 속 염화 이온(Cl^-) : 은 이온(Ag^+)을 넣었을 때 뿌옇게 흐려지는 것으로 확인한다.

➡ Ag^+ + Cl^- $\longrightarrow$ $AgCl\downarrow$ (흰색 앙금)

(2) 폐수 속 납 이온(Pb^{2+}) : 아이오딘화 이온(I^-)을 넣었을 때 노란색 앙금이 생성되는 것으로 확인한다.

➡ Pb^{2+} + $2I^-$ $\longrightarrow$ $PbI_2\downarrow$ (노란색 앙금)

탐구　앙금 생성 반응

1. 이온 반응 실험지를 비닐 사이에 끼운다.
2. 실험지의 첫 번째와 두 번째 가로줄에 염화 나트륨 수용액, 질산 나트륨 수용액, 염화 칼슘 수용액, 질산 칼슘 수용액을 한 방울씩 떨어뜨린다.
3. 질산 은 수용액을 첫 번째 가로줄의 수용액 위에 한 방울씩 떨어뜨리고 앙금 생성 여부를 관찰한다.
4. 탄산 나트륨 수용액을 두 번째 가로줄의 수용액 위에 한 방울씩 떨어뜨리고 앙금 생성 여부를 관찰한다.

구분	염화 나트륨 수용액	질산 나트륨 수용액	염화 칼슘 수용액	질산 칼슘 수용액
질산 은 수용액	앙금 생성	×	앙금 생성	×
탄산 나트륨 수용액	×	×	앙금 생성	앙금 생성

＋ 결과 및 정리

❶ 질산 은 수용액을 떨어뜨렸을 때 생성된 앙금 : 은 이온(Ag^+)과 염화 이온(Cl^-)이 반응하여 염화 은($AgCl$)을 생성한다.

Ag^+ + Cl^- $\longrightarrow$ $AgCl\downarrow$

❷ 탄산 나트륨 수용액을 떨어뜨렸을 때 생성된 앙금 : 칼슘 이온(Ca^{2+})과 탄산 이온(CO_3^{2-})이 반응하여 탄산 칼슘($CaCO_3$)을 생성한다.

Ca^{2+} + CO_3^{2-} $\longrightarrow$ $CaCO_3\downarrow$

1 원자가 전자를 잃거나 얻어서 전하를 띠는 입자는 (　　　)이다.

2 원자가 전자를 잃으면 원자핵의 (＋)전하량보다 전자의 총 (－)전하량이 (많아, 적어)진다.

3 이온을 표시할 때는 원소 기호의 오른쪽 위에 잃거나 얻은 (　　　)의 개수와 이온이 띠고 있는 (　　　)의 종류를 함께 나타낸다.

4 빈칸에 알맞은 이온의 이름이나 이온식을 쓰시오.

(1) H^+ : (　　　)

(2) (　　　) : 칼슘 이온

(3) (　　　) : 플루오린화 이온

(4) S^{2-} : (　　　)

5 다음 이온들이 각각 녹아 있는 수용액에 전류를 흘려 주었을 때 (－)극으로 이동하는 것에는 (－), (＋)극으로 이동하는 것에는 (＋)를 쓰시오.

(1) 황산 이온 : (　　　)　　(2) 염화 이온 : (　　　)

(3) 구리 이온 : (　　　)　　(4) 탄산 이온 : (　　　)

6 양이온과 음이온이 반응하여 생성되는 물에 잘 녹지 않는 물질은 (　　　)이다.

7 다음 물질의 수용액이 반응할 때 앙금을 생성하는 것끼리 연결하시오.

(1) 질산 은　　　•　　　　　•㉠ 질산 칼슘

(2) 탄산 나트륨 •　　　　　•㉡ 염화 나트륨

8 다음 이온들이 서로 반응하여 앙금을 생성하는 경우는 ○, 앙금을 생성하지 <u>않는</u> 경우는 ×로 표시하시오.

(1) Ba^{2+}, SO_4^{2-} ·················· (　　　)

(2) K^+, NO_3^- ······················· (　　　)

(3) Cu^{2+}, S^{2-} ······················· (　　　)

9 다음 앙금의 색깔을 쓰시오.

(1) 황산 바륨 : (　　　)　(2) 황화 구리(Ⅱ) : (　　　)

(3) 탄산 칼슘 : (　　　)　(4) 아이오딘화 납 : (　　　)

10 염소로 소독한 수돗물에 질산 은 수용액을 떨어뜨리면 흰색 앙금인 (　　　)이 생성된다.

족집게 문제

핵심 족보

A 1 양이온과 음이온 ★★★

양이온	음이온
원자가 전자를 잃어서 (+)전하를 띠는 입자 ➡ (+)전하량>(−)전하량	원자가 전자를 얻어서 (−)전하를 띠는 입자 ➡ (+)전하량<(−)전하량

2 이온식 해석 ★★★

이온식	Na^+	S^{2-}
이름	나트륨 이온	황화 이온
형성 과정	나트륨 원자가 전자 1개를 잃어 형성된다.	황 원자가 전자 2개를 얻어 형성된다.
이온의 종류	양이온	음이온

3 이온 모형 해석 ★★★

리튬 이온(Li^+)	플루오린화 이온(F^-)
• 원자핵의 전하량 : +3 • 전자의 수 : 2개 • 전자의 총 전하량 : −2 ➡ 양이온	• 원자핵의 전하량 : +9 • 전자의 수 : 10개 • 전자의 총 전하량 : −10 ➡ 음이온

4 이온이 들어 있는 수용액에서 전류가 흐르는 까닭 ★★★

이온이 들어 있는 수용액에 전원을 연결하면 (+)전하를 띠는 양이온은 (−)극으로, (−)전하를 띠는 음이온은 (+)극으로 이동하기 때문

B 5 앙금을 생성하는 이온 ★★★

양이온	음이온	앙금
Ag^+ 은 이온	Cl^- 염화 이온	AgCl(흰색) 염화 은
Pb^{2+} 납 이온	I^- 아이오딘화 이온	PbI_2(노란색) 아이오딘화 납
Ca^{2+} 칼슘 이온	CO_3^{2-} 탄산 이온	$CaCO_3$(흰색) 탄산 칼슘
Ba^{2+} 바륨 이온	SO_4^{2-} 황산 이온	$BaSO_4$(흰색) 황산 바륨
Cu^{2+} 구리 이온	S^{2-} 황화 이온	CuS(검은색) 황화 구리(II)

Step 1 반드시 나오는 문제

1 이온에 대한 설명으로 옳지 <u>않은</u> 것은?

① 전하를 띤 입자이다.
② 원자가 전자를 잃으면 양이온이 된다.
③ 원자가 전자를 얻으면 음이온이 된다.
④ 이온은 (+)전하량과 (−)전하량이 같다.
⑤ 이온이 되어도 원자핵의 (+)전하량은 변하지 않는다.

중요 2 그림은 원자 A와 B가 이온이 되는 과정을 모형으로 나타낸 것이다.

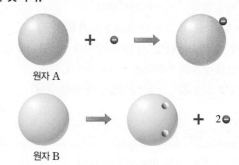

이에 대한 설명으로 옳지 <u>않은</u> 것은?

① A 이온은 음이온, B 이온은 양이온이다.
② A 이온은 (+)전하량이 (−)전하량보다 많다.
③ B 이온을 이온식으로 나타내면 B^{2+}이다.
④ 원자 A는 A 이온보다 전자 수가 1개 더 적다.
⑤ 원자 B는 B 이온보다 전자 수가 2개 더 많다.

중요 3 다음 이온식에 대한 설명으로 옳은 것은?

① 전기적으로 중성이다.
② 산소 이온이라고 부른다.
③ 원자가 전자 2개를 잃어 형성된다.
④ 전자 수는 원자일 때보다 2개 많다.
⑤ 원자핵의 (+)전하량이 전자의 총 (−)전하량보다 많다.

난이도 ●●● 시험에 꼭 나오는 출제 가능성이 높은 예상 문제로 구성하고, 난이도를 표시하였습니다.

중요 4 그림은 두 가지 이온을 모형으로 나타낸 것이다.

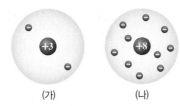

(가)　　　　(나)

이에 대한 설명으로 옳지 않은 것은?

① (가)는 양이온이다.
② (가)는 전자 1개를 잃어 형성된다.
③ (나)는 원자핵의 (+)전하량이 전자의 총 (−)전하량보다 적다.
④ (나)는 전자 2개를 얻어 형성된다.
⑤ (가)와 (나)는 띠고 있는 전하의 종류가 같다.

5 이온식과 이온의 이름을 옳게 짝 지은 것은?

① S^{2-} – 황 이온
② O^{2-} – 산소 이온
③ Cl^- – 염소 이온
④ Na^+ – 나트륨화 이온
⑤ OH^- – 수산화 이온

중요 6 그림은 어떤 물질을 물에 녹여 전원을 연결했을 때의 변화를 모형으로 나타낸 것이다.

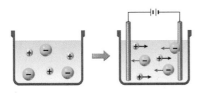

이 수용액에서 전류가 흐르는 까닭으로 옳은 것은?

① 물질이 물에 잘 녹기 때문
② 수용액에서 양이온과 음이온의 개수가 같기 때문
③ 수용액에서 이온들이 서로 강하게 끌어당기기 때문
④ 수용액에서 양이온은 (−)극으로, 음이온은 (+)극으로 이동하기 때문
⑤ 수용액에서 물질이 분자 상태로 존재하기 때문

중요 7 그림과 같이 장치하고 질산 칼륨 수용액이 들어 있는 페트리 접시의 중앙에 파란색의 황산 구리(Ⅱ) 수용액과 보라색의 과망가니즈산 칼륨 수용액을 각각 한 방울씩 떨어뜨렸다.

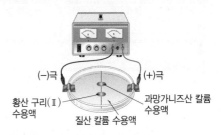

(−)극　　　　(+)극

황산 구리(Ⅱ)　　　　과망가니즈산 칼륨
수용액　　　　　　　수용액
질산 칼륨 수용액

이에 대한 설명으로 옳지 않은 것은?

① 파란색은 (−)극으로 이동한다.
② 보라색은 (+)극으로 이동한다.
③ 질산 칼륨 수용액을 넣는 까닭은 전류가 잘 흐르게 하기 위해서이다.
④ K^+과 NO_3^-은 이동하지 않는다.
⑤ 양이온은 (−)극으로, 음이온은 (+)극으로 이동한다.

중요 8 그림은 염화 나트륨 수용액과 질산 은 수용액의 반응을 모형으로 나타낸 것이다.

염화 나트륨 수용액　　　질산 은 수용액　　　혼합 용액

이에 대한 설명으로 옳지 않은 것은?

① 생성된 앙금의 색깔은 흰색이다.
② 나트륨 이온과 질산 이온은 반응하지 않는다.
③ 혼합 용액에서 $Ag^+ + Cl^- \longrightarrow AgCl\downarrow$ 의 반응에 의해 앙금이 생성된다.
④ 염화 나트륨 수용액과 질산 은 수용액에 전원을 연결하면 전류가 흐른다.
⑤ 혼합 용액에서는 전원을 연결해도 전류가 흐르지 않는다.

9 다음 두 물질의 수용액을 섞을 때 앙금이 생성되지 않는 것은?

① 질산 은 + 염화 나트륨
② 탄산 나트륨 + 질산 칼슘
③ 염화 바륨 + 황산 나트륨
④ 질산 납 + 아이오딘화 칼륨
⑤ 염화 칼슘 + 수산화 나트륨

중요 10 그림과 같이 시험관 (가)~(라)에 서로 다른 수용액을 각각 반응시켰다.

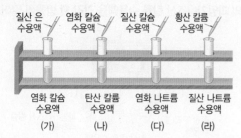

질산 은 수용액 / 염화 칼슘 수용액 / 질산 칼슘 수용액 / 황산 칼륨 수용액

염화 칼슘 수용액 (가) / 탄산 칼륨 수용액 (나) / 염화 나트륨 수용액 (다) / 질산 나트륨 수용액 (라)

실험 결과 앙금이 생성되는 경우를 모두 고른 것은?

① (가)
② (가), (나)
③ (가), (나), (다)
④ (나), (다), (라)
⑤ (가), (나), (다), (라)

중요 11 종류를 알 수 없는 어떤 물질 A를 확인하기 위하여 다음과 같은 실험을 하였다.

- 물질 A의 수용액으로 불꽃 반응 실험을 하였더니 보라색의 불꽃 반응 색이 나타났다.
- 물질 A의 수용액에 질산 은 수용액을 떨어뜨렸더니 흰색 앙금이 생성되었다.

물질 A라고 생각되는 것은?

① 질산 칼슘
② 질산 칼륨
③ 염화 칼슘
④ 염화 칼륨
⑤ 탄산 나트륨

Step 2 자주 나오는 문제

중요 12 다음은 원자가 이온이 되는 과정을 모형으로 나타낸 것이다.

이와 같은 방법으로 이온을 형성하는 원자는?

① F
② O
③ K
④ Mg
⑤ Cu

13 원자가 전자를 가장 많이 잃어 형성된 이온은?

① H^+
② Al^{3+}
③ O^{2-}
④ Cl^-
⑤ Mg^{2+}

14 앙금의 이름과 색깔을 옳게 짝 지은 것은?

① 염화 은($AgCl$) – 노란색
② 황산 바륨($BaSO_4$) – 흰색
③ 황화 구리(Ⅱ)(CuS) – 흰색
④ 아이오딘화 납(PbI_2) – 흰색
⑤ 탄산 칼슘($CaCO_3$) – 검은색

15 그림은 Ba^{2+}, Na^+, Ag^+이 포함된 혼합 용액에서 각 이온을 확인하기 위한 실험 과정을 나타낸 것이다.

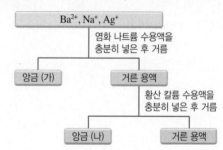

Ba^{2+}, Na^+, Ag^+
↓ 염화 나트륨 수용액을 충분히 넣은 후 거름
앙금 (가) / 거른 용액
↓ 황산 칼륨 수용액을 충분히 넣은 후 거름
앙금 (나) / 거른 용액

앙금 (가)와 (나)의 이름을 순서대로 옳게 나타낸 것은?

① 황산 바륨, 염화 은
② 염화 은, 황산 바륨
③ 황산 바륨, 염화 나트륨
④ 염화 은, 황산 나트륨
⑤ 염화 나트륨, 황산 바륨

중요 16 폐수 속에 들어 있는 이온을 확인하기 위해 아이오딘화 칼륨 수용액을 넣었더니 노란색 앙금이 생성되었다. 폐수 속에 들어 있을 것으로 예상되는 이온은?

① K^+
② Na^+
③ Ca^{2+}
④ Ba^{2+}
⑤ Pb^{2+}

Step3 만점! 도전 문제

17 이온이 형성되는 과정을 식으로 옳게 나타낸 것은?(단, 전자는 ⊖로 나타낸다.)

① $Cu \longrightarrow Cu^{2+} + \ominus$

② $O + 2\ominus \longrightarrow O^{2-}$

③ $Na + \ominus \longrightarrow Na^+$

④ $S \longrightarrow S^{2-} + 2\ominus$

⑤ $Ca + 2\ominus \longrightarrow Ca^{2+}$

18 오른쪽 그림은 염화 나트륨 수용액에 전원을 연결했을 때 이온의 이동 방향을 나타낸 것이다. 이에 대한 설명으로 옳은 것을 보기에서 모두 고른 것은?

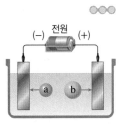

• 보기 •
ㄱ. 염화 나트륨 수용액에는 나트륨 이온과 염화 이온이 들어 있다.
ㄴ. a는 염화 이온이고, b는 나트륨 이온이다.
ㄷ. 염화 나트륨 수용액은 전류가 흐른다.
ㄹ. 염화 나트륨 수용액 대신 설탕 수용액을 사용하면 전류가 흐르지 않는다.

① ㄱ, ㄴ 　② ㄴ, ㄷ 　③ ㄷ, ㄹ
④ ㄱ, ㄷ, ㄹ 　⑤ ㄴ, ㄷ, ㄹ

중요 19 염화 칼슘 수용액을 떨어뜨렸을 때 흰색 앙금이 생성되는 물질을 모두 고르면?(2개)

① 질산 칼륨 수용액 　② 질산 은 수용액
③ 수산화 칼륨 수용액 　④ 염화 칼슘 수용액
⑤ 탄산 나트륨 수용액

20 질산 칼슘과 황산 칼륨을 구별할 수 있는 실험으로 적당한 것을 보기에서 모두 고른 것은?

• 보기 •
ㄱ. 수용액의 불꽃 반응 색을 조사한다.
ㄴ. 수용액에 전류가 흐르는지 조사한다.
ㄷ. 수용액에 염화 바륨 수용액을 떨어뜨린다.
ㄹ. 수용액에 염화 칼륨 수용액을 떨어뜨린다.

① ㄱ, ㄴ 　② ㄱ, ㄷ 　③ ㄴ, ㄷ
④ ㄴ, ㄹ 　⑤ ㄷ, ㄹ

21 원자가 이온이 되는 과정을 다음 용어를 모두 포함하여 서술하시오.

원자, 양이온, 음이온, 전자

22 그림과 같이 A∼C에 염화 나트륨 수용액, 염화 칼슘 수용액, 질산 칼슘 수용액을 임의의 순서로 각각 한 방울씩 떨어뜨리고, 질산 은 수용액과 탄산 나트륨 수용액을 그 위에 한 방울씩 떨어뜨렸더니 결과가 다음과 같았다.

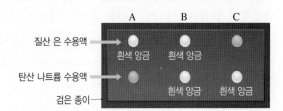

(1) A∼C에 떨어뜨린 물질을 각각 쓰시오.

(2) 이 실험에서 (가) 질산 은 수용액, (나) 탄산 나트륨 수용액을 떨어뜨렸을 때 흰색 앙금이 생성되는 반응을 각각 식으로 나타내시오.

23 그림과 같이 질산 칼륨 수용액을 적신 거름종이 위의 a점에는 아이오딘화 칼륨 수용액을, b점에는 질산 납 수용액을 각각 한 방울씩 떨어뜨렸다.

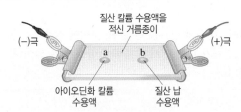

이 실험 장치에 전류를 흘려 주었을 때 나타나는 변화를 이온의 이동과 앙금의 생성을 이용하여 서술하시오.

전기의 발생

A 마찰 전기

1 원자의 구조 (+)전하를 띤 원자핵과 (−)전하를 띤 전자로 이루어져 있다.
➡ 보통의 원자는 (+)전하의 양과 (−)전하의 양이 같아 전기를 띠지 않는다.

▲ 원자의 구조

2 마찰 전기 마찰에 의해 물체가 띠는 전기
➡ 전선을 따라 흐르는 전기와 달리 한곳에 머물러 있으므로 정전기라고도 한다.

(1) **마찰에 의해 물체가 전기를 띠는 까닭** : 서로 다른 두 물체를 마찰할 때 한 물체에서 다른 물체로 전자가 이동하기 때문

전자를 잃은 물체	전자를 얻은 물체
(+)전하의 양>(−)전하의 양 ➡ (+)전하로 대전	(+)전하의 양<(−)전하의 양 ➡ (−)전하로 대전

[털가죽과 플라스틱 막대의 마찰]

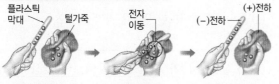

▲ 마찰하기 전　　▲ 마찰할 때　　▲ 마찰한 후
• 털가죽 : 전자를 잃음 ➡ (+)전하로 대전
• 플라스틱 막대 : 전자를 얻음 ➡ (−)전하로 대전

(2) **대전과 대전체** : 물체가 전기를 띠는 현상을 대전이라 하고, 전기를 띤 물체를 대전체라고 한다.

(3) **마찰 전기에 의한 현상**
① 비닐 랩이 그릇에 잘 달라붙는다.
② 걸을 때 치마가 다리에 달라붙는다.
③ 머리카락이 플라스틱 빗에 달라붙는다.
④ 스웨터를 벗을 때 '지지직' 소리가 난다.
⑤ 겨울철에 금속 손잡이를 잡을 때 찌릿함을 느낀다.

3 전기력 대전체(전기를 띤 물체) 사이에 작용하는 힘
➡ 대전체가 띠는 전하의 종류에 따라 서로 밀어내거나 끌어당긴다.

다른 전하 사이	같은 전하 사이
인력	척력　　　　척력
서로 끌어당기는 인력이 작용	서로 밀어내는 척력이 작용

B 정전기 유도

1 정전기 유도 전기를 띠지 않는 금속 물체에 대전체를 가까이 할 때, 금속의 끝부분이 전하를 띠는 현상

(1) **정전기 유도의 원리**

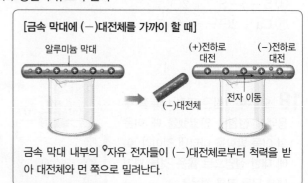

[금속 막대에 (−)대전체를 가까이 할 때]
알루미늄 막대 / (+)전하로 대전 / (−)전하로 대전 / (−)대전체 / 전자 이동

금속 막대 내부의 ⁹자유 전자들이 (−)대전체로부터 척력을 받아 대전체와 먼 쪽으로 밀려난다.

♀ 자유 전자 : 금속에서 자유롭게 이동하는 전자

(2) **유도되는 전하의 종류**

대전체와 가까운 쪽	대전체와 먼 쪽
대전체와 다른 전하를 띤다.	대전체와 같은 전하를 띤다.

➡ 금속에서 대전체와 가까운 쪽이 대전체와 다른 종류의 전하를 띠므로 대전체와 금속 사이에 인력이 작용한다.

탐구 은박 구 끌어당기기

오른쪽 그림과 같이 은박 구를 실에 연결하여 스탠드에 매달고, (−)전하로 대전된 빨대를 가까이 한다.

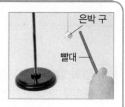
은박 구 / 빨대

+ 결과 및 정리
❶ (−)전하로 대전된 빨대에 의해 빨대 쪽 은박 구 표면에는 (+)전하가 유도된다. ➡ 정전기 유도 현상

은박 구　　　　은박 구 / 빨대
▲ 빨대를 가까이 하기 전　　▲ 빨대를 가까이 할 때

❷ 빨대와 은박 구 사이에 인력이 작용하여 은박 구가 빨대 쪽으로 움직인다.

2 정전기 유도 현상 및 이용
(1) **번개** : 정전기 유도에 의해 구름과 땅 사이에서 전자가 순간적으로 이동하면서 빛을 내는 자연 현상이다.
(2) **복사기** : 토너의 검은 탄소 가루가 정전기 유도에 의해 종이에 달라붙는다.

(3) 공기 청정기 : 정전기 유도로 작은 먼지를 당겨 공기를 깨 끗하게 한다.

ⓒ 검전기

1 검전기   정전기 유도 현상을 이 용하여 물체가 대전되었는지 알아 보는 기구 ➡ 금속판에 대전체를 가까이 하면 금속박이 벌어진다.

▲ 검전기에 (+)대전체를 가까이 할 때

(1) 금속판 : 대전체와 다른 종류의 전하 유도
(2) 금속박 : 대전체와 같은 종류의 전하 유도

2 검전기로 알 수 있는 사실

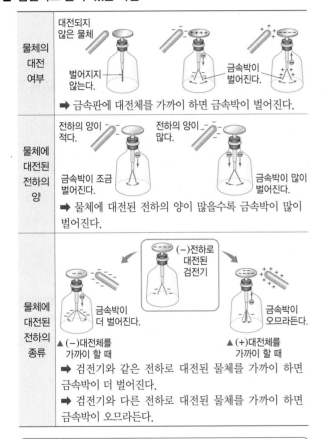

물체의 대전 여부	대전되지 않은 물체 / 벌어지지 않는다. / 금속박이 벌어진다. ➡ 금속판에 대전체를 가까이 하면 금속박이 벌어진다.
물체에 대전된 전하의 양	전하의 양이 적다. / 전하의 양이 많다. / 금속박이 조금 벌어진다. / 금속박이 많이 벌어진다. ➡ 물체에 대전된 전하의 양이 많을수록 금속박이 많이 벌어진다.
물체에 대전된 전하의 종류	(−)전하로 대전된 검전기 / 금속박이 더 벌어진다. / 금속박이 오므라든다. ▲ (−)대전체를 가까이 할 때 ▲ (+)대전체를 가까이 할 때 ➡ 검전기와 같은 전하로 대전된 물체를 가까이 하면 금속박이 더 벌어진다. ➡ 검전기와 다른 전하로 대전된 물체를 가까이 하면 금속박이 오므라든다.

[검전기에 손가락을 접촉할 때]

금속박이 오므라든다. / 전자 이동 / 금속박이 벌어진다.

(−)대전체를 검전기에 가까이 한 상태로 금속판에 손가락을 대 면 대전체로부터 척력을 받은 전자들이 손을 타고 검전기 밖으 로 빠져나온다. 이때 대전체와 손을 치우면 검전기 전체가 (+) 전하로 대전된다.

개념 확인하기

1 원자핵, 전자, 원자가 띠는 전하의 종류를 옳게 연결하시오.

(1) 원자핵 •   • ㉠ (−)전하
(2) 전자 •   • ㉡ (+)전하
(3) 원자 •   • ㉢ 중성

2 마찰에 의해 물체가 띠는 전기를 (　　　)라 하며, 다른 곳으로 흐르지 않고 물체에 머물러 있어 (　　　)라고도 한다.

3 마찰 전기에 대한 설명으로 옳은 것은 ○, 옳지 않은 것은 ×로 표시하시오.

(1) 서로 다른 두 물체를 마찰할 때 발생한다. … (　　　)
(2) 마찰 후 전자를 얻은 물체는 (+)전하, 전자를 잃은 물체는 (−)전하로 대전된다. ……………… (　　　)
(3) 두 물체를 마찰할 때 한 물체에서 다른 물체로 전자 가 이동하여 두 물체는 전기를 띤다. ……… (　　　)

4 오른쪽 그림과 같이 털가죽과 플라 스틱 막대를 마찰하였더니 털가죽 의 전자가 플라스틱 막대로 이동 하였다. 각 물체는 어떤 전하로 대 전되는지 쓰시오.

플라스틱 막대 / 털가죽

(1) 털가죽 : (　　　)전하
(2) 플라스틱 막대 : (　　　)전하

5 대전된 물체 사이에 작용하는 힘을 (　　　)이라 한다.

6 같은 전하를 띤 물체 사이에는 (　　　)이 작용하고, 다른 전하를 띤 물체 사이에는 (　　　)이 작용한다.

7 전기를 띠지 않은 금속에 대전체를 가까이 할 때 전하가 유도되는 현상을 (　　　)라고 한다.

8 알루미늄 캔에 (+)대전체를 가까이 하면, 캔에서 대전체 와 가까운 쪽은 ((+), (−))전하로 대전된다.

9 그림과 같이 대전되지 않은 금속 막대에 대전체를 가까이 할 때, A~D 중 (−)전하로 대전된 부분을 모두 고르시오.

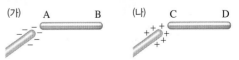
(가) A   B   (나) C   D

10 검전기의 금속판에 (−)대전체를 가까이 하면 금속판은 (　　　)전하, 금속박은 (　　　)전하로 대전된다.

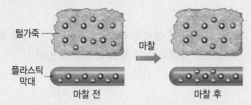

핵심 족보

Ⓐ **1 마찰에 의해 물체가 대전되는 과정 ★★★**

전자의 이동 방향	털가죽 → 플라스틱 막대
마찰 후 털가죽	(−)전하의 양<(+)전하의 양 ➡ (+)전하를 띰
마찰 후 플라스틱 막대	(−)전하의 양>(+)전하의 양 ➡ (−)전하를 띰

2 전기력의 종류와 방향 ★★★

인력	서로 다른 전하를 띤 물체 사이에서 작용하는 당기는 힘
척력	서로 같은 전하를 띤 물체 사이에서 작용하는 밀어내는 힘

Ⓑ **3 대전체를 가까이 할 때 금속의 양 끝이 띠는 전하의 종류** ★★★

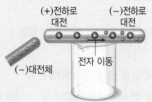

• 대전체와 가까운 쪽 : 대전체와 다른 종류의 전하
• 대전체와 먼 쪽 : 대전체와 같은 종류의 전하
➡ 대전체와 금속 사이에 인력이 작용

Ⓒ **4 검전기의 금속판에 대전체를 가까이 할 때 검전기의 변화** ★★★

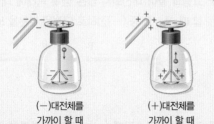

(−)대전체를 가까이 할 때 / (+)대전체를 가까이 할 때

검전기의 금속판에 대전체를 가까이 하면 검전기의 금속박이 벌어진다.

중요 1 마찰 전기에 대한 설명으로 옳지 <u>않은</u> 것은?

① 마찰 전기는 쉽게 다른 곳으로 이동하지 않고 한곳에 머물러 있기 때문에 정전기라고도 한다.
② 두 물체를 마찰하면 한 물체에서 다른 물체로 전자가 이동하기 때문에 발생한다.
③ 전자를 잃은 물체는 (+)전하로 대전된다.
④ 서로 다른 종류의 물체를 마찰하면 두 물체는 같은 전하로 대전된다.
⑤ 물체에 (−)전하의 양이 (+)전하의 양보다 많아지면 (−)전하를 띠게 된다.

중요 2 그림은 털가죽과 플라스틱 막대를 서로 마찰할 때 변화를 나타낸 것이다.

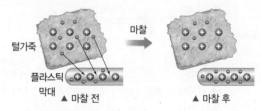

▲ 마찰 전 / ▲ 마찰 후

이에 대한 설명으로 옳지 <u>않은</u> 것은?

① 털가죽은 (+)전하로 대전된다.
② 플라스틱 막대는 전자를 얻는다.
③ 마찰하는 동안 전자는 털가죽에서 플라스틱 막대로 이동한다.
④ 마찰하는 동안 원자핵이 플라스틱 막대에서 털가죽으로 이동한다.
⑤ 마찰 후 두 물체 사이에는 전기력이 작용하여 서로 끌어당긴다.

3 마찰 전기에 의한 현상이 <u>아닌</u> 것은?

① 걸을 때 치마가 다리에 달라붙는다.
② 스웨터를 벗을 때 '지지직' 소리가 난다.
③ 클립에 자석을 가까이 하면 달라붙는다.
④ 머리를 빗을 때 머리카락이 빗에 달라붙는다.
⑤ 겨울철에 금속으로 만들어진 손잡이를 잡을 때 찌릿함을 느낀다.

난이도 ●●● 시험에 꼭 나오는 출제 가능성이 높은 예상
문제로 구성하고, 난이도를 표시하였습니다.

중요 **4** 전하를 띠는 가벼운 은박 구 A, B, C를 천장에 실로 매
달았더니 그림과 같았다.

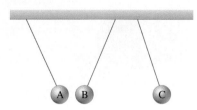

A가 (+)전하로 대전되었다면, B와 C가 띠는 전하를 옳게
짝 지은 것은?

① (+)전하, (+)전하　　② (+)전하, (−)전하
③ (−)전하, (−)전하　　④ (−)전하, (+)전하
⑤ 중성, (−)전하

중요 **5** 오른쪽 그림과 같이 대
전되지 않은 금속 막대에
(+)대전체를 가까이 하였
다. A, B에 대전된 전하
의 종류와 전자의 이동 방
향을 옳게 짝 지은 것은?

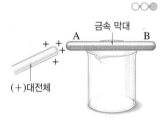

	A	B	이동 방향
①	(+)전하	(−)전하	A → B
②	(+)전하	(−)전하	B → A
③	(−)전하	(+)전하	A → B
④	(−)전하	(+)전하	B → A
⑤	(−)전하	(−)전하	B → A

6 오른쪽 그림과 같이 가벼운 은박
구를 실로 매단 다음 (−)전하로 대
전된 플라스틱 막대를 가까이 하였
다. 이때 은박 구가 움직이는 모습과
은박 구 표면의 전하 분포로 옳은 것은?

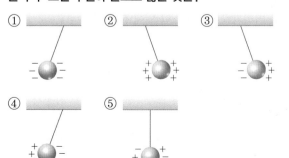

[7~8] 그림과 같이 대전되지 <u>않은</u> 알루미늄 캔에 (+)대전체
를 가까이 하였다.

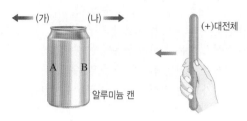

중요 **7** 알루미늄 캔에 일어나는 현상으로 옳지 <u>않은</u> 것은?

① 알루미늄 캔의 A 부분은 (+)전하로 대전된다.
② 알루미늄 캔의 B 부분은 (−)전하로 대전된다.
③ 알루미늄 캔에서 A에 있던 전자가 B로 이동한다.
④ 알루미늄 캔에서 B에 있던 (+)전하가 A로 이동한다.
⑤ (+)대전체와 알루미늄 캔 사이에는 인력이 작용한다.

8 알루미늄 캔은 (가), (나) 중 어느 방향으로 움직이는지
쓰시오.

중요 **9** 그림과 같이 장치하고 털가죽으로 마찰하여 (−)전하를
띠는 플라스틱 막대를 대전되지 않은 금속 막대에 가까이
하였다.

이에 대한 설명으로 옳은 것은?

① 금속박 구는 왼쪽으로 움직인다.
② 금속박 구는 움직이지 않는다.
③ 금속 막대에서 전자는 (나) → (가)로 이동한다.
④ 금속박 구와 금속 막대 사이에는 척력이 작용한다.
⑤ 금속 막대의 (가)는 (−)전하, (나)는 (+)전하로 대전
된다.

10 검전기에 대한 설명으로 옳지 <u>않은</u> 것은?

① 물체가 대전되었는지를 알 수 있다.
② 정전기 유도 현상을 이용한 기구이다.
③ 대전체가 띠는 전하의 종류를 알 수 있다.
④ 대전체가 가지는 전자의 수를 알 수 있다.
⑤ 대전체가 띠는 전하의 양을 비교할 수 있다.

11 대전되지 않은 검전기의 금속판에 대전체를 가까이 할 때 검전기의 대전 상태로 옳은 것은?

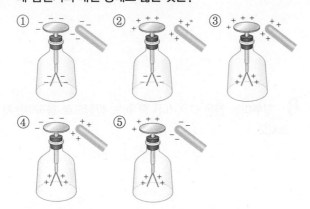

Step 2 자주 나오는 문제

12 오른쪽 그림은 서로 다른 두 물체 A, B를 마찰한 후 전하 분포를 나타낸 것이다. A와 B에 대전된 전하의 종류를 옳게 짝지은 것은?

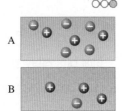

	A	B		A	B
①	(＋)전하	(＋)전하	②	(＋)전하	(－)전하
③	(－)전하	(＋)전하	④	(－)전하	(－)전하
⑤	중성	(－)전하			

13 그림과 같이 고무풍선을 고양이 털에 문지르면 고무풍선은 (－)전하, 고양이 털은 (＋)전하를 띤다.

이에 대한 설명으로 옳은 것은?

① 고무풍선에는 (－)전하의 양이 많아졌다.
② 고양이 털에는 (＋)전하의 양이 많아졌다.
③ 고무풍선의 (＋)전하와 (－)전하의 양은 같다.
④ 고양이 털의 (＋)전하와 (－)전하의 양은 같다.
⑤ 전자가 고무풍선에서 고양이 털로 이동하였다.

14 오른쪽 그림과 같이 두 고무풍선을 매달고 각각 털가죽으로 문질렀다. 이때 두 고무풍선은 어떻게 되는가?

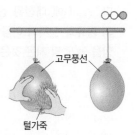

고무풍선
털가죽

① 서로 밀어낸다.
② 서로 끌어당긴다.
③ 서로 달라붙는다.
④ 두 고무풍선 모두 오른쪽으로 움직인다.
⑤ 두 고무풍선은 움직이지 않고 제자리에 있다.

15 생활에서 정전기 유도를 이용한 예가 <u>아닌</u> 것은?

① 머리카락이 플라스틱 빗에 잘 달라붙는다.
② 터치스크린은 손가락으로 화면을 움직일 수 있다.
③ 공기 청정기는 작은 먼지를 당겨 공기를 깨끗하게 한다.
④ (－)전하를 띤 페인트가 (＋)전하를 띤 자동차 표면에 고르게 칠해진다.
⑤ 복사기는 토너의 검은 탄소 가루를 종이에 달라붙게 하여 인쇄한다.

Step3 만점! 도전 문제

16 오른쪽 그림과 같이 접촉해 있는 은박 구 A, B에 (+)대전체를 가까이 한 상태에서 두 은박 구를 떼어 냈다. 두 은박 구의 대전 상태로 옳은 것은?

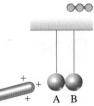

①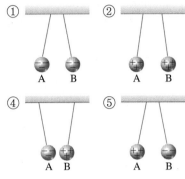
A B

② A B

③ A B

④ A B

⑤ A B

17 오른쪽 그림과 같이 전체가 (−)전하로 대전된 검전기의 금속판에 (−)전하로 대전된 플라스틱 자를 가까이 하였다. 이때 금속박의 변화로 옳은 것은?

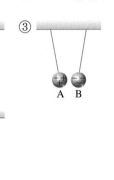

플라스틱 자

① 오므라든다.
② 더 벌어진다.
③ 아무런 변화가 없다.
④ 벌어지다가 오므라든다.
⑤ 오므라들다가 벌어진다.

18 그림과 같이 대전되지 않은 검전기에 (−)대전체를 가까이 한 후 금속판에 손가락을 접촉시켰다가 손가락과 대전체를 검전기에서 멀리 하였다.

금속판

금속박

(가)   (나)   (다)

이에 대한 설명으로 옳은 것은?

① (가)에서 금속박은 (+)전하로 대전된다.
② (나)에서 검전기 속 전자의 수는 증가한다.
③ (나)에서 금속박은 오므라든다.
④ (다)에서 검전기 전체가 (−)전하로 대전된다.
⑤ (다)에서 금속판은 (−)전하, 금속박은 (+)전하로 대전된다.

19 오른쪽 그림과 같이 털가죽과 플라스틱 막대를 마찰하면 털가죽은 (+)전하, 플라스틱 막대는 (−)전하로 대전된다. 이와 같은 현상이 나타나는 까닭을 서술하시오.

플라스틱 막대

털가죽

_____

_____

20 그림과 같이 두 고무풍선 A, B를 각각 털가죽으로 마찰한 다음 가까이 할 때, 두 고무풍선 사이에 작용하는 전기력을 쓰고, 고무풍선의 움직임을 화살표로 표시하시오.

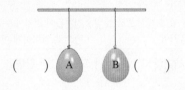

(   ) A   B (   )

_____

_____

21 오른쪽 그림과 같이 플라스틱 막대를 털가죽에 마찰한 후 대전되지 않은 알루미늄 캔에 가까이 하였다. 이때 알루미늄 캔은 어떻게 움직이는지 그 까닭과 함께 서술하시오.

플라스틱 막대

알루미늄 캔

_____

_____

22 오른쪽 그림과 같이 검전기의 금속판에 (+)대전체를 가까이 할 때 금속박이 띠는 전하의 종류와 금속박의 움직임을 서술하시오.

금속판

금속박

_____

_____

02 전류, 전압, 저항

A 전류와 전압

1 전류 전하의 흐름

(1) 전류의 방향 : 전자의 이동 방향과 서로 반대이다.

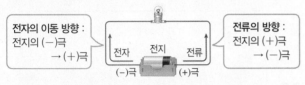

전자의 이동 방향 : 전지의 (−)극 → (+)극

전류의 방향 : 전지의 (+)극 → (−)극

(2) 전류가 흐르지 않을 때와 흐를 때 전자의 운동

전류가 흐르지 않을 때	전류가 흐를 때

전자들이 여러 방향으로 무질서하게 움직임	전자들이 전지의 (−)극 → (+)극 쪽으로 일정하게 이동

(3) 전류의 세기(I) : 1초 동안 도선의 한 단면을 지나는 전하의 양

(4) 단위 : A(암페어), mA(밀리암페어) ➡ 1 A=1000 mA

2 전압 전류를 흐르게 하는 능력

(1) 단위 : V(볼트)

(2) 물의 흐름과 전기 회로의 비유 : 물의 높이 차(수압)에 의해 물이 흐르는 것처럼 전압에 의해 전류가 흐른다.

- 펌프 − 전지
- 수도관 − 전선
- 물레방아 − 전구
- 물의 흐름 − 전류
- 수압 − 전압

3 전류계와 전압계

구분	전류계	전압계
차이점	• 전류의 세기를 측정 • 전기 회로에 직렬로 연결	• 전압의 크기를 측정 • 전기 회로에 병렬로 연결
공통점	• (+)단자는 전지의 (+)극 쪽에 연결하고, (−)단자는 전지의 (−)극 쪽에 연결한다. • 전류와 전압을 예상할 수 없을 경우, (−)단자 중 최댓값이 가장 큰 단자부터 연결한다.	

[전류계와 전압계의 눈금 읽기]

➡ 회로에 연결한 (−)단자에 해당하는 눈금을 읽는다.

(−)단자	측정값
❶ 50 mA에 연결	30 mA
❷ 500 mA에 연결	300 mA
❸ 5 A에 연결	3 A

B 전류와 전압의 관계

1 전기 저항 전기 회로에서 전류의 흐름을 방해하는 정도

(1) 단위 : Ω(옴) ➡ 1 Ω은 1 V의 전압을 걸었을 때 1 A의 전류가 흐르는 도선의 저항이다.

(2) 전기 저항이 생기는 까닭 : 전류가 흐를 때 전자들이 이동하면서 원자와 충돌하기 때문

(3) 전기 저항에 영향을 주는 요소

물질의 종류	물질마다 원자의 배열 상태가 달라 원자와 전자가 충돌하는 정도가 다르기 때문에 전기 저항이 달라진다.
길이와 단면적	물질의 길이가 길수록, 단면적이 좁을수록 전기 저항은 커진다.

2 옴의 법칙 전류의 세기(I)는 전압(V)에 비례하고, 저항(R)에 반비례한다.

(1) 전류와 전압의 관계 : 저항이 일정할 때 전압이 클수록 전류의 세기는 커진다.

(2) 전류와 저항의 관계 : 전압이 일정할 때 저항이 클수록 전류의 세기는 약해진다.

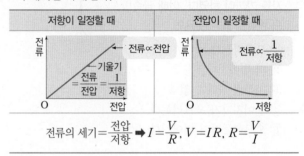

저항이 일정할 때	전압이 일정할 때

전류∝전압, 기울기 $=\dfrac{전류}{전압}=\dfrac{1}{저항}$

전류∝$\dfrac{1}{저항}$

전류의 세기 $=\dfrac{전압}{저항}$ ➡ $I=\dfrac{V}{R}$, $V=IR$, $R=\dfrac{V}{I}$

탐구 전압과 전류의 관계

1. 그림과 같이 전원 장치, 전류계, 전압계, 니크롬선을 연결한다.

2. 니크롬선에 걸리는 전압을 1.5 V씩 높이면서 전류의 세기를 측정하여 표에 기록하고 그래프로 나타낸다.

➕ 결과 및 정리

전압(V)	전류의 세기(A)
1.5	0.1
3.0	0.2
4.5	0.3
6.0	0.4

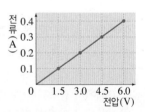

니크롬선에 걸리는 전압이 2배, 3배가 되면, 전류의 세기도 2배, 3배가 된다. ➡ 전류의 세기∝전압

C 저항의 연결

1 저항의 직렬연결 여러 저항을 한 줄로 연결하는 방법

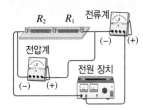

I : 회로 전체 전류
I_1 : R_1에 흐르는 전류
I_2 : R_2에 흐르는 전류
V : 회로 전체 전압
V_1 : R_1에 걸리는 전압
V_2 : R_2에 걸리는 전압

(1) 전류의 세기 : 각각의 저항에 흐르는 전류의 세기는 전체 전류의 세기와 같다. ➡ $I=I_1=I_2$

(2) 전압 : 전체 전압이 각 저항에 비례하여 나누어 걸린다.
➡ $V_1=IR_1$, $V_2=IR_2$

(3) 저항 : 저항을 많이 연결할수록 저항이 길어지는 효과가 있으므로 전체 저항이 증가한다. ➡ 전체 전류 감소

(4) 이용
① 저항 하나의 연결이 끊어지면 회로 전체에 전류가 흐르지 않는다.
② 이용 예 : 퓨즈, 화재 감지 장치, 장식용 전구 등

▲ 퓨즈   ▲ 장식용 전구

2 저항의 병렬연결 여러 저항을 양 끝끼리 이어서 연결하는 방법

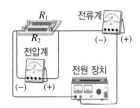

I : 회로 전체 전류
I_1 : R_1에 흐르는 전류
I_2 : R_2에 흐르는 전류
V : 회로 전체 전압
V_1 : R_1에 걸리는 전압
V_2 : R_2에 걸리는 전압

(1) 전압 : 각각의 저항에 걸리는 전압은 전체 전압과 같다.
➡ $V=V_1=V_2$

(2) 전류의 세기 : 저항의 크기에 반비례하여 전체 전류가 나누어 흐른다. ➡ $I_1=\dfrac{V}{R_1}$, $I_2=\dfrac{V}{R_2}$

(3) 저항 : 저항을 많이 연결할수록 단면적이 넓어지는 효과가 있으므로 전체 저항이 감소한다. ➡ 전체 전류 증가

(4) 이용
① 저항 하나의 연결이 끊어져도 다른 저항에는 일정한 전압이 걸리고 전류가 계속 흐른다.
② 이용 예 : 멀티탭, 건물의 전기 배선, 가로등 등

▲ 멀티탭

▲ 가로등

1 전류의 방향은 전지의 ((+)→(−), (−)→(+))극이고, 전자는 전지의 ((+)→(−), (−)→(+))극으로 이동한다.

2 전기 회로에 전류를 흐르게 하는 능력을 (   )이라고 하고, 단위는 (   )를 사용한다.

3 물의 흐름을 전기 회로에 비유할 때, 역할이 비슷한 것끼리 선으로 연결하시오.
(1) 펌프   •   • ㉠ 전구
(2) 물레방아   •   • ㉡ 전지
(3) 물의 흐름   •   • ㉢ 전류

4 전류계는 전기 회로에 (직렬, 병렬)로 연결한다. 이때 전류계의 (+)단자는 전지의 (   )극 쪽에 연결한다.

5 오른쪽 그림은 어떤 회로에 연결한 전압계의 눈금이다. 전압계의 (−)단자를 (가) 3 V, (나) 15 V, (다) 30 V에 연결할 때 회로에 걸리는 전압은 각각 몇 V인지 구하시오.

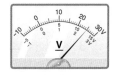

6 전기 저항에 대한 설명으로 옳은 것은 ○, 옳지 않은 것은 ×로 표시하시오.
(1) 도선의 길이와 단면적이 같다면, 물질이 달라져도 저항값은 항상 같다. ·············· (   )
(2) 도선의 길이가 길수록, 단면적이 작을수록 전기 저항이 크다. ··························· (   )

7 전기 회로에 흐르는 전류의 세기는 전압에 (비례, 반비례)하고, 저항에 (비례, 반비례)한다. 이를 (   )이라고 한다.

8 저항이 10 Ω인 니크롬선에 3 V의 전압을 걸 때, 니크롬선에 흐르는 전류의 세기는 몇 A인지 구하시오.

9 저항의 직렬연결에 대한 설명에는 '직', 병렬연결에 대한 설명에는 '병'이라고 쓰시오.
(1) 각 저항에 걸리는 전압은 같다. ·············· (   )
(2) 각 저항에 흐르는 전류의 세기는 같다. ········· (   )
(3) 전체 저항이 각각의 저항보다 작다. ··········· (   )

10 가정에서 사용하는 전기 기구에 대한 설명으로 옳은 것은 ○, 옳지 않은 것은 ×로 표시하시오.
(1) 가정의 전기 기구는 병렬로 연결되어 있다. · (   )
(2) 한 전기 기구의 스위치를 끄면 나머지 전기 기구를 사용할 수 없다. ························· (   )

족집게 문제

내공 쌓는

A **1** 전류의 방향과 전자의 이동 방향 ★★★
- 전류의 방향 : 전지의 (+)극 → 전지의 (−)극
- 전자의 이동 방향 : 전지의 (−)극 → 전지의 (+)극
➡ 전류의 방향과 전자의 이동 방향은 반대이다.

2 전류계의 눈금 읽기 ★★

- (−)단자가 500 mA에 연결되어 있으므로 최대 전류값이 500 mA 인 눈금을 읽는다.
➡ 300 mA=0.3 A

B **3** 옴의 법칙으로 전류, 전압, 저항 구하기 ★★★
- 옴의 법칙

$$I=\frac{V}{R}, V=IR, R=\frac{V}{I}$$

- 저항에 걸어 준 전압에 따른 전류의 세기를 나타낸 그래프 위의 한 점을 이용하여 저항을 구할 수 있다.

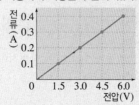

- 전압이 1.5 V일 때 0.1 A의 전류가 흐른다.
➡ $R=\frac{V}{I}=\frac{1.5\ V}{0.1\ A}=15\ \Omega$

C **4** 저항의 직렬연결과 병렬연결 비교 ★★★
저항 R_1과 R_2를 전기 회로에 연결한 경우

구분	직렬연결	병렬연결
전류	$I=I_1=I_2$	$I_1=\dfrac{V}{R_1}, I_2=\dfrac{V}{R_2}$
전압	$V_1=IR_1, V_2=IR_2$	$V=V_1=V_2$
저항	저항을 많이 연결할수록 전체 저항 증가	저항을 많이 연결할수록 전체 저항 감소

➡ 직렬연결하면 각 저항에 흐르는 전류가 일정하고, 병렬연결하면 각 저항에 걸리는 전압이 일정하다.

5 가정의 전기 기구를 병렬로 연결하는 까닭 ★★
- 여러 전기 기구를 함께 연결해도 각 전기 기구에 같은 전압이 걸린다.
- 전기 기구를 각각 따로 켜거나 끌 수 있다.

Step 1 반드시 나오는 문제

중요 1 오른쪽 그림과 같은 전기 회로에서 전류의 방향과 전자의 이동 방향을 옳게 짝 지은 것은?

	전류	전자
①	A	A
②	A	B
③	B	A
④	B	B
⑤	B	이동하지 않음

중요 2 그림은 전선 속의 전자와 원자를 나타낸 것이다.

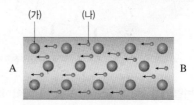

이에 대한 설명으로 옳은 것을 모두 고르면?(2개)

① (가)는 원자, (나)는 전자이다.
② (나)는 전류의 방향으로 이동한다.
③ A는 전지의 (−)극 쪽에 연결되어 있다.
④ 전류는 A에서 B 방향으로 흐른다.
⑤ 전류가 흐르지 않으면 (가)가 무질서하게 운동한다.

중요 3 전기 회로에 그림 (가)와 같이 전류계의 (−)단자를 연결하였더니, 눈금판이 그림 (나)와 같았다.

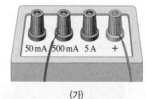
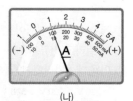

(가)　　　　　　　(나)

이 전기 회로에 흐르는 전류의 세기는?

① 0.1 mA　　② 10 mA　　③ 0.1 A
④ 1 A　　⑤ 100 A

난이도 ●●● 시험에 꼭 나오는 출제 가능성이 높은 예상 문제로 구성하고, 난이도를 표시하였습니다.

중요 **4** 그림 (가)는 물의 흐름, 그림 (나)는 전기 회로를 나타낸 것이다.

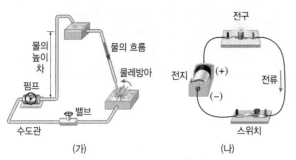

(가)

(나)

(가), (나)에서 역할이 비슷한 것끼리 짝 지은 것으로 옳지 않은 것은?

① 펌프 – 전지
② 수도관 – 스위치
③ 물레방아 – 전구
④ 물의 흐름 – 전류
⑤ 물의 높이 차 – 전압

5 전기 저항이 20 Ω인 전구에 3 V의 전압을 걸어 주었다. 이 전구에 흐르는 전류의 세기는?

① 0.15 A
② 0.3 A
③ 1.5 A
④ 3 A
⑤ 15 A

6 전기 저항이 일정한 니크롬선에 걸리는 전압과 전류의 세기의 관계를 나타낸 그래프로 옳은 것은?

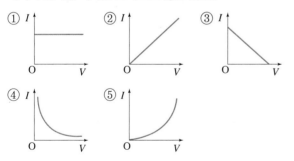

중요 **7** 오른쪽 그래프는 어떤 니크롬선에 걸리는 전압에 따른 전류의 세기를 나타낸 것이다. 이 니크롬선의 전기 저항은?

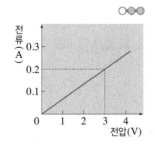

① 3 Ω
② 5 Ω
③ 10 Ω
④ 15 Ω
⑤ 20 Ω

8 오른쪽 그림과 같이 5 Ω과 10 Ω의 두 저항을 직렬로 연결한 전기 회로에 9 V의 전압을 걸어 주었다. 이에 대한 설명으로 옳은 것을 보기에서 모두 고른 것은?

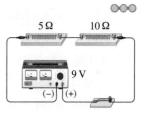

• 보기 •

ㄱ. 5 Ω에 10 Ω보다 더 센 전류가 흐른다.
ㄴ. 5 Ω과 10 Ω의 저항에 같은 크기의 전압이 걸린다.
ㄷ. 전압의 크기를 증가시키면 저항에 흐르는 전류의 세기가 커진다.

① ㄱ
② ㄴ
③ ㄷ
④ ㄱ, ㄴ
⑤ ㄴ, ㄷ

9 오른쪽 그림과 같이 10 Ω, 20 Ω, 30 Ω인 세 니크롬선을 전기 회로에 병렬연결하고 30 V의 전압을 걸어주었다. 각 니크롬선에 걸리는 전압의 세기의 비 $V_{10\,\Omega} : V_{20\,\Omega} : V_{30\,\Omega}$는?

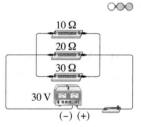

① 1 : 1 : 1
② 1 : 2 : 3
③ 2 : 3 : 6
④ 3 : 2 : 1
⑤ 6 : 3 : 2

중요 **10** 그림은 가정에서 사용하는 전기 기구들이 연결된 모습을 나타낸 것이다.

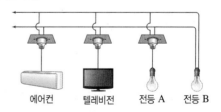

에어컨 텔레비전 전등 A 전등 B

이에 대한 설명으로 옳지 않은 것을 모두 고르면?(2개)

① 모든 전기 기구는 병렬로 연결되어 있다.
② 각 전기 기구에 걸리는 전압은 모두 같다.
③ 에어컨의 플러그를 뽑으면 전체 저항은 작아진다.
④ 전등 A의 스위치를 끄면 다른 전기 기구가 모두 꺼진다.
⑤ 전기난로를 추가로 연결하면 전체 전류의 세기는 더 세진다.

11 전류에 대한 설명으로 옳지 <u>않은</u> 것은?

① 전하의 흐름이다.
② 전류의 방향과 전자의 이동 방향은 반대이다.
③ 전류의 세기를 나타내는 단위는 A, mA이며, 1 A는 1000 mA이다.
④ 전류의 세기는 1초 동안 도선의 한 단면을 지나는 전하의 양으로 나타낸다.
⑤ 1 A는 1 Ω인 저항에 흐르는 전류의 세기이다.

12 전류계와 전압계에 대한 설명으로 옳은 것은?

① 전류계는 병렬, 전압계는 직렬로 연결한다.
② (+)단자와 (−)단자를 구분하지 않고 연결해도 된다.
③ (−)단자 중 가장 작은 값의 단자부터 연결한다.
④ (+)단자는 전지의 (−)극 쪽에, (−)단자는 전지의 (+)극 쪽에 연결한다.
⑤ 연결하기 전 영점 조절 나사를 이용하여 영점을 조정한 후 사용한다.

중요 **13** 전구에 흐르는 전류의 세기와 전압을 측정하려고 한다.

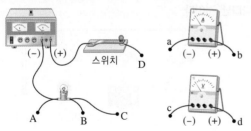

회로에 연결해야 하는 전류계, 전압계의 단자를 옳게 짝 지은 것은?

	A	B	C	D
①	a	b	c	d
②	b	a	d	c
③	b	a	c	d
④	c	d	a	b
⑤	d	c	b	a

14 전기 저항에 대한 설명으로 옳지 <u>않은</u> 것은?

① 전류의 흐름을 방해하는 정도이다.
② 전기 저항의 단위는 Ω(옴)을 사용한다.
③ 물질의 종류에 따라 전기 저항은 다르다.
④ 도선의 길이가 길어지면 전기 저항은 작아진다.
⑤ 전자가 도선 속을 이동하면서 원자와 충돌하기 때문에 생긴다.

15 표는 전기 회로 (가), (나), (다)의 전압, 전류의 세기, 전기 저항을 나타낸 것이다.

전기 회로	전압	전류의 세기	전기 저항
(가)	3 V	㉠	6 Ω
(나)	2 V	1 A	㉡
(다)	㉢	10 A	20 Ω

㉠, ㉡, ㉢에 알맞은 값을 옳게 짝 지은 것은?

	㉠	㉡	㉢
①	0.5 A	1 Ω	100 V
②	0.5 A	2 Ω	200 V
③	1 A	0.5 Ω	10 V
④	1 A	2 Ω	200 V
⑤	2 A	2 Ω	100 V

16 오른쪽 그림과 같이 2 Ω과 3 Ω의 두 저항을 병렬연결하고 6 V의 전압을 걸어 주었다. 2 Ω인 저항에 걸리는 전압(V)과 전류의 세기(I)를 옳게 짝 지은 것은?

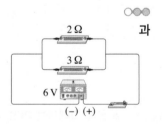

	V	I
①	2 V	1 A
②	3 V	2 A
③	3 V	3 A
④	6 V	2 A
⑤	6 V	3 A

Step 3 만점! 도전 문제

17 다음의 여러 가지 모양의 도선에 같은 크기의 전압을 걸었을 때, 전류가 가장 많이 흐르는 것은?(단, 도선의 재질은 모두 같다.)

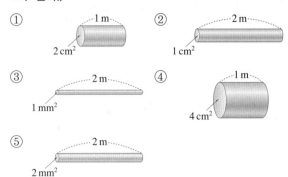

① 1 m / 2 cm²
② 2 m / 1 cm²
③ 2 m / 1 mm²
④ 1 m / 4 cm²
⑤ 2 m / 2 mm²

[18~19] 오른쪽 그래프는 세 도선 (가), (나), (다)에 걸리는 전압에 따른 전류의 세기를 나타낸 것이다.

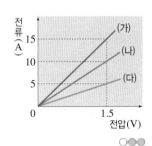

중요 18 전기 저항의 크기가 가장 큰 도선의 기호를 쓰시오.

19 세 도선의 재질과 길이가 같을 때 단면적이 가장 넓은 도선의 기호를 쓰시오.

20 오른쪽 그림과 같이 2 Ω과 4 Ω의 두 저항을 직렬로 연결한 다음 12 V의 전압을 걸어 주었더니 전체 전류의 세기가 2 A였다. 이에 대한 설명으로 옳은 것은?

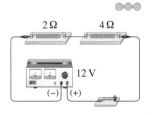

① 전체 저항은 8 Ω이다.
② 2 Ω에 흐르는 전류의 세기는 2 A이다.
③ 4 Ω에 걸리는 전압은 12 V이다.
④ 2 Ω과 4 Ω에 걸리는 전압의 비는 2 : 1이다.
⑤ 2 Ω과 4 Ω에 흐르는 전류의 세기의 비는 1 : 2이다.

21 어떤 니크롬선에 흐르는 전류의 세기와 전압을 측정하였더니, 전류계와 전압계의 눈금이 그림과 같았다.

(1) 니크롬선에 흐르는 전류의 세기(A)와 전압(V)을 각각 구하시오.

(2) 니크롬선의 저항은 몇 Ω인지 풀이 과정과 함께 서술하시오.

22 그림과 같이 1.5 V 전지에 동일한 전구 A~E를 여러 가지 방법으로 연결하였다.

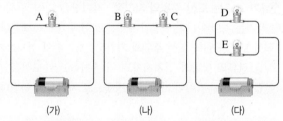

(가) (나) (다)

전기 회로에 흐르는 전체 전류의 세기가 가장 큰 것을 고르고, 그 까닭을 서술하시오.

23 오른쪽 그림과 같이 가정의 전기 기구는 모두 병렬연결되어 있다. 가정의 전기 기구를 직렬연결하면 어떤 문제점이 생기는지 서술하시오.

03 전류의 자기 작용

A 전류가 만드는 자기장

1 자기장 자석 주위에 자기력이 작용하는 공간
(1) 방향 : 나침반 자침의 N극이 가리키는 방향
(2) 세기 : 자석의 극에 가까울수록 세다.

2 자기력선 자기장의 모
양을 선으로 나타낸 것
(1) N극에서 나와 S극으
로 들어간다.
(2) 도중에 끊어지거나 서
로 교차하지 않는다.

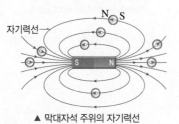

▲ 막대자석 주위의 자기력선

(3) 자기력선이 촘촘할수록 자기장의 세기가 세다.
(4) 막대자석 두 극 사이에 작용하는 힘과 자기력선

같은 극 사이		다른 극 사이
N N	S S	N S
밀어내는 힘 작용		끌어당기는 힘 작용

3 전류가 흐르는 도선 주위의 자기장 자기장은 자석 주위에
만 생기는 것이 아니라 전류가 흐르는 도선 주위에도 생긴다.
(1) 직선 도선과 원형 도선 주위의 자기장 : 오른손의 엄지손가
락을 전류의 방향과 일치시키고 네 손가락으로 도선을 감
아쥘 때, 네 손가락이 가리키는 방향으로 자기장이 생긴다.

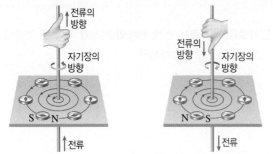

▲ 직선 도선 주위의 자기장 : 도선을 중심으로 한 동심원 모양의 자기장이 생긴다.

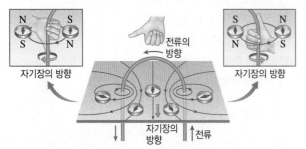

▲ 원형 도선 주위의 자기장 : 원형 도선 중심에는 직선 모양으로, 도선에 가까울수
록 동심원 모양으로 자기장이 생긴다.

(2) 코일 주위의 자기장 : 오른손의 네 손가락을 전류의 방향으
로 감아쥘 때, 엄지손가락이 가리키는 방향으로 자기장이
생긴다. ➡ 엄지손가락이 가리키는 쪽이 N극이 된다.

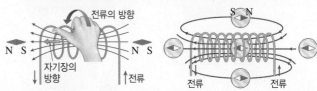

▲ 코일 주위의 자기장 : 막대자석 주위에 생기는 자기장의 모양과 비슷한 모양의
자기장이 생긴다.

(3) 방향과 세기 : 전류의 방향과 세기가 달라지면 자기장의 방
향과 세기도 달라진다.

4 전자석 코일 속에 철심을 넣어 만든 자석
(1) 전자석의 특징
① 코일에 전류가 흐르는 동
안에만 자석이 된다.
② 전류의 방향이 바뀌면 전
자석의 극도 바뀐다.
(2) 이용 : 전자석 기중기, 자
기 부상 열차, 스피커,
자기 공명 영상 장치(MRI), 전화기 등

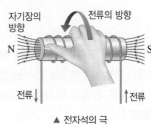

▲ 전자석의 극

B 자기장에서 전류가 받는 힘

1 자기장에서 전류가 흐르는 도선이 받는 힘 자석에 의한 자
기장과 전류에 의한 자기장의 상호 작용에 의해 자기장 속
에 놓인 도선은 힘(자기력)을 받는다.

2 자기장에서 전류가 흐르는 도선이 받는 힘의 방향

| 힘의 방향 찾는 법 |
오른손의 네 손가락을 자기장의 방향으로 펴고 엄지손가락이
전류의 방향을 가리키게 할 때, 손바닥이 향하는 방향이 힘의
방향이 된다.

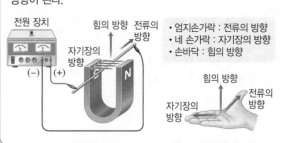

- 엄지손가락 : 전류의 방향
- 네 손가락 : 자기장의 방향
- 손바닥 : 힘의 방향

3 자기장에서 전류가 흐르는 도선이 받는 힘의 크기
(1) 전류의 세기가 셀수록, 자기장의 세기가 셀수록 크다.
(2) 전류의 방향과 자기장의 방향이 서로 수직일 때 가장 크고,
나란할 때 힘을 받지 않는다.

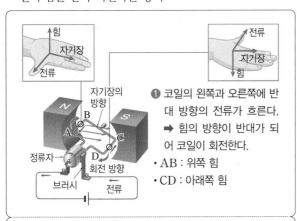

탐구 자기장 속에서 전류가 흐르는 도선이 받는 힘

1. 오른쪽 그림과 같이 말굽 자석의 두 극 사이에 알루미늄 포일을 위치하고, 알루미늄 포일에 전류를 흐르게 하여 움직임을 관찰한다.

2. 과정 1에서 전류의 방향을 반대로 하여 실험을 반복한다.

3. 과정 1에서 말굽 자석의 극을 반대로 하고 실험을 반복한다.

＋ 결과 및 정리

과정 1	과정 2(전류 반대)	과정 3(자기장 반대)
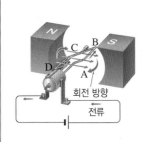

❶ 전류가 흐르는 도선은 자기장 속에서 힘을 받는다.

❷ 자기장 속에서 전류가 흐르는 도선이 받는 힘의 방향은 도선에 흐르는 전류의 방향과 자기장의 방향에 따라 달라진다.

---

4 자기장에서 전류가 받는 힘의 이용 전동기, 스피커, 전압계, 전류계 등이 있다.

(1) **전동기** : 영구 자석 사이에 있는 코일에 전류가 흐를 때 코일이 힘을 받아 회전하는 장치

❶ 코일의 왼쪽과 오른쪽에 반대 방향의 전류가 흐른다.
➡ 힘의 방향이 반대가 되어 코일이 회전한다.
• AB : 위쪽 힘
• CD : 아래쪽 힘

❷ 코일이 회전하면 ᵒ정류자에 의해 코일에 흐르는 전류의 방향이 반대가 되므로 ❶과 같은 상황이 되어 계속 같은 방향으로 회전한다.
• AB : 아래쪽 힘
• CD : 위쪽 힘

♀ **정류자** : 코일이 90 °회전했을 때 전류를 순간적으로 끊어 전동기가 계속 같은 방향으로 회전하게 하는 장치

(2) **전동기의 이용** : 청소기, 선풍기, 세탁기, 에스컬레이터, 전동차 등

---

1 자기력이 작용하는 공간을 ( )이라 하고, 그 방향은 나침반 자침의 ( )극이 가리키는 방향이다.

2 오른쪽 그림과 같이 나침반에 막대자석을 가까이 할 때 나침반 자침의 N극이 가리키는 방향을 화살표로 그리시오.

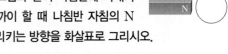

3 자기장과 자기력선에 대한 설명으로 옳은 것은 ○, 옳지 않은 것은 ×로 표시하시오.

(1) 나침반 자침의 S극이 가리키는 방향이 자기장의 방향이다. ┈┈┈┈┈┈┈┈┈┈┈┈┈┈┈┈┈ ( )

(2) 자기력선은 도중에 끊어지거나 교차한다. ┈ ( )

4 오른쪽 그림과 같이 오른손을 이용하여 직선 도선 주위의 자기장을 찾으려고 한다. A, B가 의미하는 것을 쓰시오.

5 오른쪽 그림과 같이 전류가 흐르는 코일의 한쪽에 나침반을 놓았을 때 자침의 N극이 가리키는 방향을 쓰시오.

6 전류가 흐르는 코일 속에 철심을 넣어 만든 자석을 ( )이라고 한다.

7 자석에 의한 자기장과 전류에 의한 ( )의 상호 작용에 의해 자기장에서 전류가 흐르는 도선은 ( )을 받는다.

8 오른쪽 그림과 같이 오른손을 이용하여 자기장에서 전류가 흐르는 도선이 받는 힘의 방향을 찾으려고 한다. ㉠, ㉡, ㉢이 의미하는 것을 쓰시오.

9 오른쪽 그림과 같이 자석의 두 극 사이에 도선을 놓고 화살표 방향으로 전류를 흐르게 할 때, 도선이 받는 힘의 방향을 쓰시오.

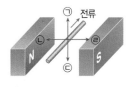

10 전류가 흐르는 도선이 자기장 속에서 받는 힘에 대한 설명으로 옳은 것은 ○, 옳지 않은 것은 ×로 표시하시오.

(1) 자기장이 셀수록 도선이 받는 힘이 커진다. ┈ ( )

(2) 도선이 받는 힘은 전류의 방향과 자기장의 방향이 나란할 때 가장 세다. ┈┈┈┈┈┈┈┈┈┈┈┈┈┈ ( )

족집게 문제

핵심 족보

Ⓐ **1 자기장과 자기력선의 특징 ★★★**

- 나침반 자침의 N극이 가리키는 방향이 자기장의 방향이다.
- 자기력선은 N극에서 나와서 S극으로 들어간다.
- 자기력선이 촘촘할수록 자기장이 세다.

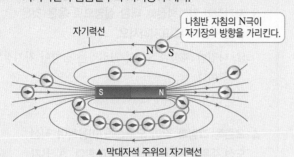

▲ 막대자석 주위의 자기력선

2 직선 도선, 코일 주위의 자기장의 방향 찾기 ★★★

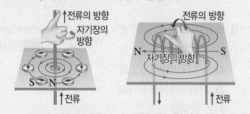

- 직선 도선 : 오른손의 엄지손가락이 전류의 방향을, 네 손가락이 자기장의 방향을 가리킨다.
- 코일 : 오른손의 네 손가락이 전류의 방향을, 엄지손가락이 자기장의 방향을 가리킨다.
- ➡ 직선 도선과 코일 주위의 자기장을 찾는 방법은 반대이다.

Ⓑ **3 자기장에서 전류가 흐르는 도선이 받는 힘의 방향 찾기 ★★★**

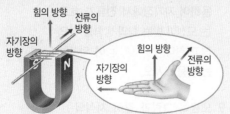

- 전류의 방향 : 전지의 (+)극 → 전지의 (−)극 ➡ 오른손의 엄지손가락과 일치시킨다.
- 자기장의 방향 : 자석의 N극 → 자석의 S극 ➡ 오른손의 네 손가락과 일치시킨다.
- 힘의 방향 : 도선이 움직이는 방향 ➡ 오른손의 손바닥이 향하는 방향이다.

4 자기장 속의 도선이 받는 힘에 영향을 미치는 요인 ★★★

- 전류의 방향이나 자기장의 방향이 반대로 바뀌면 자기장 속의 도선이 받는 힘의 방향도 반대로 바뀐다.
- 전류의 세기가 셀수록, 자기장이 셀수록 자기장 속의 도선이 받는 힘의 크기도 커진다.

Step 1 반드시 나오는 문제

1 자기장과 자기력선에 대한 설명으로 옳지 않은 것은?

① 자기장의 방향은 나침반 자침의 N극이 가리키는 방향이다.
② 자기력선은 N극에서 나와 S극으로 들어간다.
③ 자기력선이 교차된 곳일수록 자기장이 세다.
④ 자기력선이 듬성듬성할수록 자기장이 약하다.
⑤ 자석의 극에 가까울수록 자기력선이 촘촘하다.

2 그림은 막대자석 주위에 나침반을 놓았을 때의 모습을 나타낸 것이다.

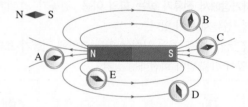

A~E 중 나침반 자침의 방향이 옳은 것은?

① A   ② B   ③ C
④ D   ⑤ E

3 직선 도선에 전류가 흐를 때 도선 주위에 놓인 나침반 자침의 방향이 옳은 것은?(단, 지구 자기장은 무시한다.)

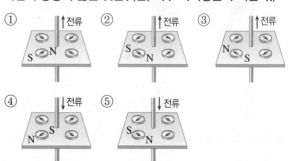

중요 **4** 오른쪽 그림과 같이 코일에 전류가 흐를 때에 대한 설명으로 옳지 <u>않은</u> 것은?

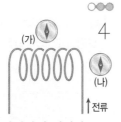

① 코일에 흐르는 전류의 세기가 셀수록 자기장이 세다.

② 코일 내부에는 오른쪽을 향하는 자기장이 생긴다.

③ (가) 부분에서 나침반의 자침은 서쪽을 가리킨다.

④ (나) 부분에서 나침반의 자침은 남쪽을 가리킨다.

⑤ 코일이 만드는 자기장은 막대자석이 만드는 자기장과 모양이 비슷하다.

5 전자석에 대한 설명으로 옳지 <u>않은</u> 것은?

① 항상 자석의 성질을 가진다.

② 전자석 기중기, 자기 부상 열차 등에 이용한다.

③ 코일에 흐르는 전류가 셀수록 자석은 세어진다.

④ 전류의 방향이 반대가 되면 전자석의 극이 반대가 된다.

⑤ 전자석 주위에 철 가루를 뿌리면 막대자석 주위의 철 가루 모양과 비슷하다.

중요 **6** 오른쪽 그림과 같이 말굽 자석의 두 극 사이에 구리 막대를 놓고 전류를 흐르게 하였다. 이때 구리 막대는 어느 방향으로 힘을 받아 움직이겠는가?

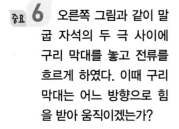
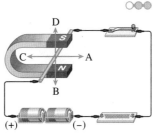

① A   ② B   ③ C

④ D   ⑤ 정지해 있다.

7 자기장 속에서 전류가 흐르는 도선이 받는 힘에 대한 설명으로 옳지 <u>않은</u> 것은?

① 자석에 의한 자기장과 전류에 의한 자기장의 상호 작용으로 생긴다.

② 전류의 방향이 달라지면 힘의 방향도 달라진다.

③ 자기장의 방향이 달라지면 힘의 방향도 달라진다.

④ 전류의 방향과 자기장의 방향이 서로 수직이면 힘을 받지 않는다.

⑤ 전류와 자기장의 방향을 동시에 반대로 하면 힘의 방향은 변하지 않는다.

중요 **8** 그림과 같이 말굽 자석 사이에 얇은 알루미늄 포일을 놓고, 알루미늄 포일의 양 끝을 전지에 연결하였다.

이에 대한 설명으로 옳은 것은?

① 알루미늄 포일은 항상 아래쪽으로 움직인다.

② 스위치를 닫으면 알루미늄 포일은 위쪽으로 움직인다.

③ 자석의 극을 바꾸면 알루미늄 포일이 움직이는 폭이 달라진다.

④ 전지의 (+), (−)극을 바꾸어 연결하면 알루미늄 포일은 위쪽으로 움직인다.

⑤ 전압이 높은 전지로 바꾸면 알루미늄 포일이 움직이는 폭이 작아진다.

[9~10] 오른쪽 그림과 같이 영구 자석 사이에 놓인 코일에 전류가 흐르고 있다.

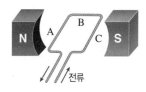

중요 **9** 코일의 A, B, C 부분이 받는 힘의 방향을 화살표로 옳게 나타낸 것은?(단, ×는 힘을 받지 <u>않는</u> 경우이다.)

    A   B   C
① ↑   ↓   ↓
② ↑   ×   ↓
③ ↓   ↑   ↑
④ ↓   ×   ↑
⑤ ×   ↑   ×

10 위의 그림에 대한 설명으로 옳은 것은?

① A와 C에 흐르는 전류의 방향은 같다.

② 이 원리를 이용한 도구로 전자석 기중기가 있다.

③ 더 센 전류를 흘려주면 코일이 돌아가는 방향이 바뀐다.

④ B 부분에 흐르는 전류의 방향은 자기장의 방향과 수직이다.

⑤ 자석의 N극과 S극의 위치를 바꾸면 코일이 시계 반대 방향으로 회전한다.

족집게 문제

11 두 막대자석 사이에 생기는 자기력선의 모양으로 옳은 것은?

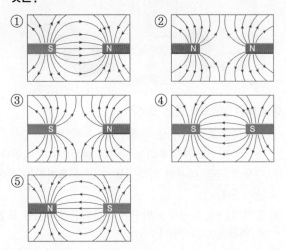

12 그림과 같이 직선 도선 아래와 위에 나침반을 놓고 도선에 전류를 흐르게 하였다.

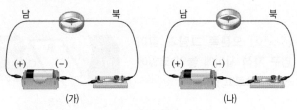

나침반 자침의 N극이 가리키는 방향을 옳게 짝 지은 것은?(단, 지구 자기장은 무시한다.)

	(가)	(나)		(가)	(나)
①	북쪽	북쪽	②	북쪽	남쪽
③	동쪽	서쪽	④	서쪽	동쪽
⑤	남쪽	남쪽			

13 오른쪽 그림과 같이 원형 도선에 전류가 흐를 때, 나침반 (가), (나), (다)의 자침이 가리키는 방향을 옳게 짝 지은 것은?(단, 지구 자기장은 무시한다.)

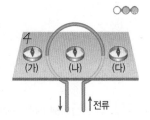

	(가)	(나)	(다)
①	북쪽	북쪽	남쪽
②	북쪽	남쪽	북쪽
③	북쪽	남쪽	남쪽
④	남쪽	북쪽	북쪽
⑤	남쪽	북쪽	남쪽

14 자석과 전류가 흐르는 도선 주위에 생기는 자기력선의 모양으로 옳지 않은 것은?

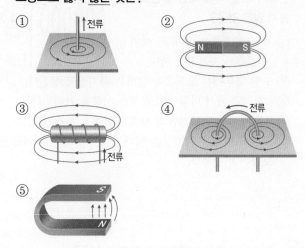

15 화살표 방향으로 전류가 흐를 때 도선 그네가 말굽 자석의 안쪽으로 움직이는 경우를 보기에서 모두 고른 것은?

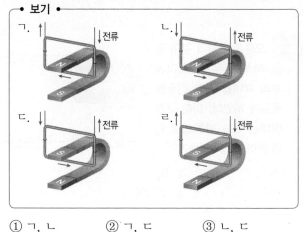

① ㄱ, ㄴ   ② ㄱ, ㄷ   ③ ㄴ, ㄷ
④ ㄴ, ㄹ   ⑤ ㄷ, ㄹ

16 자기장 속에서 전류가 흐르는 도선이 받는 힘을 이용한 기구가 아닌 것은?

① 전압계   ② 전동기   ③ 이어폰
④ 선풍기   ⑤ 전자석 기중기

[17~18] 그림과 같이 장치하고 전류를 흐르게 한 후 알루미늄 막대의 움직임을 관찰하였다.

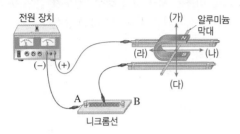

주요 17 알루미늄 막대는 어느 쪽으로 힘을 받아 움직이는가?

① (가)　　　　② (나)　　　　③ (다)
④ (라)　　　　⑤ 움직이지 않는다.

18 위 실험에서 니크롬선에 연결된 집게를 A 방향으로 옮긴 후, 스위치를 닫았을 때 나타나는 현상은?

① 실험 장치의 저항이 커진다.
② 알루미늄 막대가 움직이지 않게 된다.
③ 알루미늄 막대가 더 빠르게 굴러간다.
④ 알루미늄 막대가 더 느리게 굴러간다.
⑤ 알루미늄 막대가 움직이는 방향이 반대가 된다.

주요 19 오른쪽 그림은 전동기의 구조를 나타낸 것이다. 이에 대한 설명으로 옳지 않은 것은?

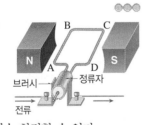

① 코일은 시계 방향으로 회전한다.
② 정류자가 없으면 코일은 계속 회전할 수 없다.
③ AB 부분과 CD 부분이 받는 힘의 방향은 반대이다.
④ 전류의 방향이 바뀌면 코일의 회전 방향도 반대가 된다.
⑤ 코일이 반 바퀴 회전한 후 AB 부분에 흐르는 전류의 방향은 반대가 된다.

20 오른쪽 그림과 같이 전류가 흐를 때 코일 내부에 생기는 자기장의 방향을 반대로 바꾸려면 어떻게 해야 하는지 서술하시오.

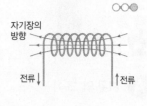

21 그림과 같이 말굽 자석 사이에 얇은 알루미늄 포일을 놓고, 알루미늄 포일의 양 끝을 전지에 연결하였다.

스위치를 눌렀을 때 알루미늄 포일이 움직이는 방향을 쓰고, 알루미늄 포일이 반대로 움직이게 하는 방법을 두 가지 서술하시오.

22 그림과 같이 영구 자석 사이의 코일에 전류를 흐르게 하였다.

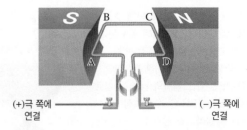

이때 코일의 AB, BC, CD 부분이 받는 힘의 방향을 쓰고, 코일이 어떤 방향으로 회전하는지 서술하시오.

Ⅲ. 태양계

01 지구

Ⓐ 지구의 크기

1 에라토스테네스의 지구 크기 측정

(1) 원리 : 원에서 호의 길이는 중심각의 크기에 비례한다.

> 원에서 부채꼴의 호의 길이(l)는 그 중심각의 크기(θ)에 비례한다.
> 원의 둘레 : $360°$=호의 길이 : 중심각
> $2\pi R : 360° = l : \theta$

(2) 가정
① 지구는 완전한 구형이다.
② 지구로 들어오는 햇빛은 평행하다.

(3) 측정 과정

[직접 측정한 값]
• 알렉산드리아와 시에네 사이의 거리 : 925 km
➡ 호의 길이
• 알렉산드리아에 세운 막대 끝과 그림자 끝이 이루는 각도 : 7.2°
➡ 중심각의 크기(엇각)

[지구의 크기]

$2\pi R : 360° = 925\ km : 7.2°$

➡ $2\pi R$(지구 둘레)$=\dfrac{360° \times 925\ km}{7.2°}=46250\ km$

➡ R(지구 반지름)$=\dfrac{46250\ km}{2\pi} ≒ 7365\ km$

(4) 에라토스테네스가 구한 값이 실제 값과 차이 나는 까닭
① 지구는 완전한 구형이 아니다.
② 두 지점 사이의 거리 측정이 정확하지 않았다.

탐구 지구 모형의 크기 측정

1. 경도가 같은 두 지점에 막대 AA′, BB′를 붙인다.(이때 막대 AA′는 그림자가 생기지 않도록 조정한다.)
2. 두 막대 사이의 거리(l)를 측정한다.
3. 막대 BB′와 그림자의 끝 C를 실로 연결하고, ∠BB′C(θ')를 측정한다.

✚ 결과 및 정리
❶ l : 8 cm, ∠BB′C(θ') : 30°
❷ ∠BB′C(θ')와 ∠AOB(θ)는 엇각으로 크기가 같다.
❸ 지구 모형의 반지름(R)
$2\pi R : 360° = l : \theta$

➡ $R=\dfrac{360° \times l}{2\pi \times \theta}=\dfrac{360° \times 8\ cm}{2\pi \times 30°} ≒ 15\ cm$

2 위도 차를 이용한 지구 크기 측정 경도가 같은 두 지점의 위도 차는 중심각의 크기와 같음을 이용한다.

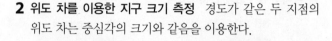

[직접 측정하는 값]
• A, B 사이의 거리
➡ 호의 길이(l)
• A의 위도－B의 위도
➡ 중심각의 크기(θ)

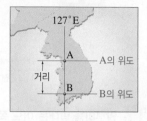

[지구의 크기]

$2\pi R : 360° = l : \theta$ ➡ R(지구 반지름)$=\dfrac{360° \times l}{2\pi \times \theta}$

Ⓑ 지구의 자전

1 지구의 자전 지구가 자전축을 중심으로 하루에 한 바퀴씩 서에서 동으로 도는 운동

2 천체의 일주 운동 태양, 달, 별과 같은 천체들이 하루에 한 바퀴씩 동에서 서로 원을 그리며 도는 운동 ➡ 지구 자전에 의한 °겉보기 운동

(1) 천체의 일주 운동 방향과 속도

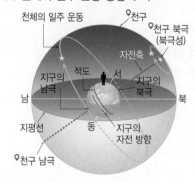

> 지구가 자전축을 중심으로 서 → 동으로 자전한다.
>
> ⬇
>
> 지구의 관측자에게는 지구가 멈춰 있고 천체들이 지구 자전 방향과 반대(동 → 서)로 도는 것처럼 보인다.

운동 방향	동 → 서 (지구 자전 방향과 반대)
운동 속도	1시간에 15°씩 회전 (지구 자전 속도와 같음)

[북두칠성의 일주 운동]

2시간 간격으로 북쪽 하늘을 관측하면 북두칠성은 북극성을 중심으로 회전한다.
• 운동 방향 : 시계 반대 방향
• 회전한 각도 : 30°
➡ 별들은 북극성을 중심으로

1시간에 15°씩 시계 반대 방향으로 이동한다.

♥ **겉보기 운동** : 실제 운동이 아닌, 움직이는 지구의 관측자가 볼 때 나타나는 천체의 상대적인 움직임
♥ **천구** : 천체가 붙어 있는 것처럼 보이는 무한히 넓은 가상의 구
♥ **천구의 북극과 남극** : 지구 자전축을 연장한 선이 천구와 만나는 점

(2) 우리나라에서 본 별의 일주 운동 : 관측 방향에 따라 일주 운동의 모습이 다르게 나타난다.

북쪽 하늘	동쪽 하늘	남쪽 하늘	서쪽 하늘

북극성을 중심으로 시계 반대 방향으로 회전	오른쪽 위로 비스듬히 뜸	지평선과 나란하게 동에서 서로 이동	오른쪽 아래로 비스듬히 짐

C 지구의 공전

1 지구의 공전 지구가 태양을 중심으로 일 년에 한 바퀴씩 서에서 동으로 도는 운동

2 태양의 연주 운동 태양이 별자리 사이를 서에서 동으로 이동하여 일 년 후 제자리로 돌아오는 운동 ➡ 지구 공전에 의한 겉보기 운동

운동 방향	서 → 동 (지구 공전 방향과 같음)
운동 속도	하루에 약 1°씩 회전 (지구 공전 속도와 같음)

> [해가 진 직후 관측한 별자리와 태양의 위치 변화]
>
>
>
> • 태양을 기준으로 할 때 별자리는 동에서 서로 이동한다.
> • 별자리를 기준으로 할 때 태양은 서에서 동으로 이동한다.

3 계절별 별자리 변화 태양이 연주 운동하며 위치가 달라짐에 따라 계절별로 지구에서 보이는 별자리가 달라진다.
(1) 황도 : 태양이 일 년 동안 지나가는 천구상의 길
(2) 황도 12궁 : 황도상에 있는 12개의 대표적인 별자리

구분	태양이 지나는 별자리 (태양 방향)	한밤중에 남쪽 하늘에서 보이는 별자리(태양의 반대 방향)
8월	게자리	염소자리
10월	처녀자리	물고기자리

1 에라토스테네스는 지구가 완전한 (   )이고, 햇빛은 지구에 (   )하게 들어온다고 가정하였다.

[2~3] 오른쪽 그림은 두 지점에 막대를 세워 지구 크기를 구하는 모습이다. (   ) 안에 알맞은 말을 쓰시오.

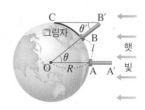

2 그림에서 지구의 크기를 구하기 위해 직접 측정해야 하는 값은 (   )과 (   )이다.

3 지구의 크기를 구하는 비례식을 완성하시오.

$$2\pi R : (\quad) = l : (\quad)$$

4 경도가 같은 두 지점의 (   ) 차는 두 지점과 지구 중심이 이루는 중심각의 크기와 같다.

5 지구가 자전축을 중심으로 하루에 한 바퀴씩 도는 운동을 지구의 (   )이라고 하며, 운동 방향은 (   )쪽에서 (   )쪽이다.

6 별이 하루에 한 바퀴씩 원을 그리며 도는 운동을 별의 (   ) 운동이라고 하며, 별은 (   )쪽에서 (   )쪽으로 한 시간에 (   )°씩 이동한다.

7 그림은 우리나라에서 본 별의 일주 운동 모습이다. 각각 어느 방향의 하늘을 관측한 모습인지 쓰시오.

(1) _____ (2) _____ (3) _____ (4) _____

8 지구가 태양을 중심으로 일 년에 한 바퀴씩 도는 운동을 지구의 (   )이라고 하며, 운동 방향은 (   )쪽에서 (   )쪽이다.

9 태양이 별자리 사이를 이동하여 일 년 후 제자리로 돌아오는 것처럼 보이는 현상을 태양의 (   ) 운동이라고 하며, 태양은 (   )쪽에서 (   )쪽으로 하루에 (   )°씩 이동한다.

10 태양이 연주 운동함에 따라 일 년 동안 지나가는 천구상의 길을 (   )라 하고, 이 길에 있는 12개의 대표적인 별자리를 (   )이라고 한다.

족집게 문제

핵심 족보

A **1 지구 크기를 측정하기 위한 에라토스테네스의 가정** ★★★
• 지구는 완전한 구형이다.
• 지구로 들어오는 햇빛은 평행하다.

2 에라토스테네스가 측정한 지구의 크기 ★★★
• 호의 길이 : 알렉산드리아
와 시에네 사이의 거리
=925 km
• 중심각의 크기 : 알렉산드
리아에 세운 막대와 그림자
끝이 이루는 각도=7.2°
• 지구의 크기
$2\pi R : 360° = 925 \text{ km} : 7.2°$

➡ $2\pi R(\text{지구 둘레}) = \dfrac{360° \times 925 \text{ km}}{7.2°} = 46250 \text{ km}$

➡ $R(\text{지구 반지름}) = \dfrac{46250 \text{ km}}{2\pi} = 7365 \text{ km}$

B **3 북쪽 하늘 별의 일주 운동** ★★★

• 일주 운동의 중심 : 북극성(별 P)
• 운동 방향 : 시계 반대 방향(A → B)
• 호의 중심각(θ) : 15°×시간
예 2시간 동안 관측한 호의 중심
각=15°×2시간=30°

4 우리나라에서 관측한 별의 일주 운동 ★★★

| 북쪽 하늘 | 동쪽 하늘 | 남쪽 하늘 | 서쪽 하늘 |

C **5 태양과 별자리의 위치 변화** ★★
• 별자리는 하루에 약 1°씩 동 → 서로 이동(태양 기준)
• 태양은 하루에 약 1°씩 서 → 동으로 이동(별자리 기준)

6 지구의 공전과 계절별 별자리 변화 ★★★

• 태양이 지나는 별자리 : 지구에서 볼 때 태양과 같은 방향에
있는 별자리 ➡ 사자자리
• 한밤중에 남쪽 하늘에서 보이는 별자리 : 지구에서 볼 때 태
양의 반대 방향에 있는 별자리 ➡ 물병자리

Step 1 **반드시 나오는 문제**

[1~3] 오른쪽 그림은 에라토스
테네스가 지구의 크기를 측정한
방법을 나타낸 것이다.

중요 **1** 에라토스테네스가 지구의 크기를 구하기 위해 세운 가정
을 보기에서 모두 고른 것은?

┌─ 보기 ─
ㄱ. 지구는 완전한 구형이다.
ㄴ. 지구는 태양 주위를 공전한다.
ㄷ. 햇빛은 지구에 평행하게 들어온다.
ㄹ. 지구는 적도가 약간 부푼 타원 모양이다.
└

① ㄱ, ㄴ ② ㄱ, ㄷ ③ ㄴ, ㄷ
④ ㄴ, ㄹ ⑤ ㄷ, ㄹ

2 에라토스테네스가 지구의 크기를 구하기 위해 실제로 측
정한 값을 모두 고르면?(2개)
① 알렉산드리아에 세운 막대의 길이
② 알렉산드리아와 시에네 사이의 거리
③ 알렉산드리아에 세운 막대 그림자의 길이
④ 알렉산드리아와 시에네가 지구 중심과 이루는 각도
⑤ 알렉산드리아에 세운 막대 끝과 막대 그림자 끝이 이
루는 각도

중요 **3** 에라토스테네스가 지구의 크기를 구하기 위해 세운 비례
식으로 옳은 것은?
① $\pi R : 925 \text{ km} = 360° : 7.2°$
② $\pi R : 360° = 925 \text{ km} : 7.2°$
③ $360° : 2\pi R = 925 \text{ km} : 7.2°$
④ $2\pi R : 925 \text{ km} = 7.2° : 360°$
⑤ $2\pi R : 360° = 925 \text{ km} : 7.2°$

중요 **4** 그림은 에라토스테네스의 방법으로 지구 모형의 크기를 측정하기 위한 실험을 나타낸 것이다. ○○○

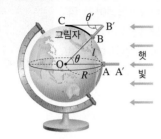

이에 대한 설명으로 옳지 **않은** 것은?

① 두 막대를 같은 경도에 세운다.
② 막대 AA′는 그림자가 생기지 않도록 세운다.
③ 직접 측정할 값은 ∠AOB(θ)와 호 AB의 길이(l)이다.
④ ∠AOB(θ)는 ∠BB′C(θ′)와 엇각으로 같다.
⑤ 원에서 호의 길이는 중심각의 크기에 비례한다는 원리를 이용한다.

5 오른쪽 그림은 같은 경도 상에 있는 서울과 광주를 나타낸 것이다. 두 도시와 지구 중심이 이루는 중심각의 크기와 이를 이용하여 구한 지구의 둘레를 옳게 짝 지은 것은? ●●○

	중심각의 크기	지구의 둘레
①	2.4°	7000 km
②	2.4°	42000 km
③	37.5°	2688 km
④	72.6°	7000 km
⑤	72.6°	42000 km

중요 **6** 오른쪽 그림은 어느 날 서울에서 카메라를 1시간 동안 노출시켜 별을 찍은 것이다. 이에 대한 설명으로 옳지 **않은** 것은? ○○○

① 북쪽 하늘을 찍은 것이다.
② 별 P는 북극성이다.
③ 각 θ의 크기는 15°이다.
④ 별의 회전 방향은 B → A이다.
⑤ 시간이 지나도 별 P는 거의 움직이지 않는다.

중요 **7** 우리나라에서 동쪽 하늘을 보았을 때 나타나는 별의 일주 운동 모습은? ○○○

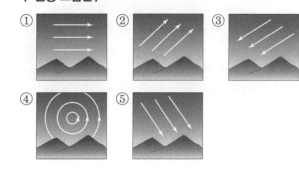

[8~9] 그림은 해가 진 직후 관측한 서쪽 하늘의 모습을 순서 없이 나타낸 것이다.

(가)   (나)   (다)

8 (가)~(다)를 먼저 관측한 것부터 순서대로 옳게 나열한 것은? ○○○

① (가) - (나) - (다) 　② (나) - (가) - (다)
③ (나) - (다) - (가) 　④ (다) - (가) - (나)
⑤ (다) - (나) - (가)

중요 **9** 이에 대한 설명으로 옳은 것은? ○○○

① 지구의 자전 때문에 나타나는 현상이다.
② 별자리를 기준으로 태양은 동 → 서로 이동한다.
③ 태양을 기준으로 별자리는 서 → 동으로 이동한다.
④ 별자리의 운동은 실제 운동이 아닌 겉보기 운동이다.
⑤ 태양의 연주 운동 방향과 지구의 공전 방향은 반대이다.

중요 10 그림은 황도 12궁을 나타낸 것이다.

12월에 (가) 태양이 지나는 별자리와 (나) 지구에서 한밤중에 남쪽 하늘에서 보이는 별자리를 옳게 짝 지은 것은?

	(가)	(나)		(가)	(나)
①	전갈자리	사자자리	②	전갈자리	황소자리
③	황소자리	전갈자리	④	황소자리	물병자리
⑤	사자자리	물병자리			

Step 2 자주 나오는 문제

11 오른쪽 그림은 에라토스테네스의 방법으로 지구 모형의 크기를 구하는 방법을 나타낸 것이다. 지구 모형의 둘레는?

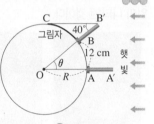

① 72 cm ② 84 cm ③ 96 cm
④ 108 cm ⑤ 120 cm

12 위도 차이를 이용하여 지구 반지름을 구하려고 할 때, 표에서 가장 적당한 두 도시를 옳게 짝 지은 것은?

도시	A	B	C	D
위도	35.1°	35.6°	37.6°	37.6°
경도	126°	127°	124°	127°

① A, B ② A, C ③ B, C
④ B, D ⑤ C, D

중요 13 별의 일주 운동에 대한 설명으로 옳지 않은 것은?

① 별의 일주 운동 주기는 일주일이다.
② 지구가 자전하기 때문에 나타나는 현상이다.
③ 태양의 일주 운동도 같은 원리로 나타난다.
④ 우리나라에서 북쪽 하늘을 보면 별이 북극성을 중심으로 돈다.
⑤ 우리나라에서 남쪽 하늘을 보면 별이 동쪽에서 서쪽으로 이동한다.

14 오른쪽 그림은 북쪽 하늘에서 북극성과 북두칠성을 관측한 것이다. 북두칠성이 B 위치에 있을 때 밤 11시경이었다면, A 위치에 있을 때는 몇 시경인가?

① 저녁 8시경 ② 저녁 9시경 ③ 밤 12시경
④ 새벽 1시경 ⑤ 새벽 2시경

15 태양의 연주 운동에 대한 설명으로 옳지 않은 것은?

① 지구의 공전에 의해 나타나는 현상이다.
② 태양은 이동하여 일 년 후 제자리로 돌아온다.
③ 태양은 별자리 사이를 하루에 약 15°씩 이동한다.
④ 태양이 일 년 동안 지나가는 길을 황도라고 한다.
⑤ 지구에서 보이는 태양의 위치가 달라지므로 계절에 따라 보이는 별자리가 달라진다.

중요 16 그림은 지구의 공전 궤도와 황도 12궁을 나타낸 것이다.

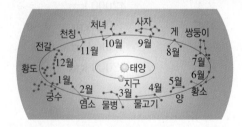

이에 대한 설명으로 옳은 것을 보기에서 모두 고른 것은?

보기
ㄱ. 지구가 공전함에 따라 계절별로 볼 수 있는 별자리가 달라진다.
ㄴ. 지구에서 볼 때 태양은 별자리 사이를 동에서 서로 지나간다.
ㄷ. 지구의 위치가 그림과 같을 때는 3월이다.
ㄹ. 6월에 지구에서는 한밤중에 남쪽 하늘에서 전갈자리를 볼 수 있다.

① ㄱ, ㄴ ② ㄱ, ㄷ ③ ㄱ, ㄹ
④ ㄴ, ㄷ ⑤ ㄷ, ㄹ

Step3 만점! 도전 문제

17 에라토스테네스가 구한 지구의 크기가 실제 값과 차이가 나는 까닭으로 옳은 것을 보기에서 모두 고르시오.

보기
ㄱ. 지구가 완전한 구형이 아니기 때문이다.
ㄴ. 지구로 들어오는 햇빛이 교차되기 때문이다.
ㄷ. 시에네와 알렉산드리아 사이의 거리 측정이 정확하지 않았기 때문이다.
ㄹ. 원에서 부채꼴의 호의 길이와 중심각의 크기가 비례하지 않기 때문이다.

18 그림은 우리나라에서 관측한 별의 일주 운동 모습이다.

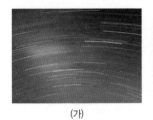

| (가) | (나) |

이에 대한 설명으로 옳은 것은?

① (가)는 북쪽 하늘을 관측한 것이다.
② (가)에서 별들은 서쪽에서 동쪽으로 이동한다.
③ (나)는 동쪽 하늘을 관측한 것이다.
④ (나)에서 별들은 오른쪽 아래로 비스듬히 이동한다.
⑤ 그림에 나타난 호는 별이 실제로 이동한 자취이다.

19 지구의 자전으로 나타나는 현상과 공전으로 나타나는 현상을 보기에서 골라 옳게 짝 지은 것은?

보기
ㄱ. 별이 뜨고 지는 현상
ㄴ. 낮과 밤이 반복되는 현상
ㄷ. 달의 모양이 변하는 현상
ㄹ. 계절별로 보이는 별자리가 달라지는 현상
ㅁ. 태양이 별자리를 배경으로 이동하는 현상

	자전	공전		자전	공전
①	ㄱ	ㄷ	②	ㄴ	ㅁ
③	ㄷ	ㄹ	④	ㄹ	ㄴ
⑤	ㅁ	ㄱ			

20 오른쪽 그림은 에라토스테네스가 지구의 크기를 구한 방법을 모식적으로 나타낸 것이다.

(1) 엇각의 원리로 θ의 값을 알아내고, 원의 성질을 이용하여 지구의 둘레를 구하기 위해 전제되어야 할 가정 두 가지를 서술하시오.

_____

(2) 지구의 반지름(R)을 구하기 위한 비례식을 쓰시오.

_____

21 그림은 북쪽 하늘에서 별의 일주 운동을 관측한 것이다.

이와 같은 현상이 나타나는 까닭을 서술하고, 별의 일주 운동 방향을 화살표로 그리시오.

_____

22 그림은 황도 12궁과 지구의 위치를 나타낸 것이다.

지구의 위치가 그림과 같을 때, 태양이 지나는 별자리와 지구에서 한밤중에 남쪽 하늘에서 보이는 별자리는 무엇인지 서술하시오.

_____

02 달

Ⓐ 달의 크기

1 달의 크기 측정

(1) 원리 : 서로 닮은 두 삼각형에서 대응변의 길이 비는 일정하다.

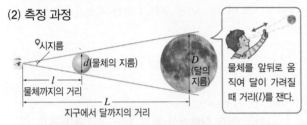

△ABC와 △AB′C′는 서로 닮은 삼각형이므로,
$\overline{AC} : \overline{AC′} = \overline{BC} : \overline{B′C′}$

(2) 측정 과정

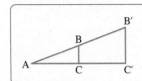

물체를 앞뒤로 움직여 달이 가려질 때 거리(l)를 잰다.

① 직접 측정한 값 : 물체의 지름(d), 물체까지의 거리(l)
② 미리 알아야 하는 값 : 지구에서 달까지의 거리(L)
③ 달의 크기

$$d : D = l : L \Rightarrow D(달의\ 지름) = \frac{d \times L}{l}$$

🔎 **시지름** : 관측자의 눈과 천체 지름의 양 끝이 이루는 각도로, 거리가 가까울수록 큼

2 달의 실제 크기
달의 지름은 약 3500 km로, 지구 지름의 약 $\frac{1}{4}$이다.

탐구 달 그림의 크기 측정

종이　구멍　　　막대 자
d　　　D 달 그림

눈과 종이 사이의 거리(l)
달 그림까지의 거리(L)

1. 두꺼운 종이에 구멍을 뚫고, 구멍의 지름(d)을 측정한다.
2. 종이에 홈을 내어 자를 끼우고, 약 3 m 떨어진 거리에서 구멍을 통해 벽에 붙인 보름달 그림을 본다.
3. 달 그림이 구멍을 완전히 채울 때 눈과 종이 사이의 거리(l)를 측정한다.

✚ **결과 및 정리**
❶ d : 6 mm, l : 10 cm
❷ d와 D, l과 L은 각각 대응하는 변에 해당한다.
❸ 달 그림의 지름(D)

$$d : D = l : L \Rightarrow D = \frac{d \times L}{l} = \frac{0.6\ cm \times 300\ cm}{10\ cm} = 18\ cm$$

Ⓑ 달의 공전과 위상 변화

1 달의 공전
달이 지구를 중심으로 약 한 달에 한 바퀴씩 서에서 동으로 도는 운동

2 달의 위상 변화

(1) 달의 위상 : 지구에서 볼 때 햇빛을 반사하여 밝게 보이는 달의 모양
(2) 달의 공전과 위상 변화 : 달이 햇빛을 반사하는 부분은 항상 같지만 달이 공전하며 지구, 태양, 달의 상대적인 위치가 달라지므로 지구에서 보이는 달의 모양이 달라진다.
(3) 달의 위상 변화 순서 : 보이지 않음 → 초승달 → 상현달 → 보름달 → 하현달 → 그믐달 → 보이지 않음 → …

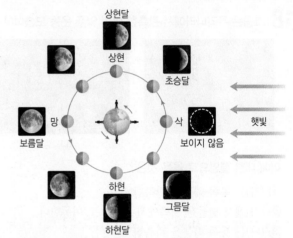

위치	관측 날짜	위상
삭	음력 1일경	달이 태양과 같은 방향에 있어 햇빛을 받는 면이 보이지 않는다.
상현	음력 7~8일	태양, 지구, 달이 직각을 이루어 오른쪽 반원이 밝게 보인다. ➡ 상현달
망	음력 15일경	달이 태양 반대 방향에 있어 햇빛을 받는 면 전체가 둥글게 보인다. ➡ 보름달
하현	음력 22~23일	태양, 지구, 달이 직각을 이루어 왼쪽 반원이 밝게 보인다. ➡ 하현달

3 달의 위치와 모양 변화
달이 지구 주위를 공전함에 따라 같은 시각에 관측한 달의 위치가 매일 약 13 °씩 서에서 동으로 이동한다.

- 음력 2일경 : 초승달이 서쪽 하늘로 짐
- 음력 7~8일 : 상현달이 남쪽 하늘에서 보임
- 음력 15일경 : 보름달이 동쪽 하늘에서 뜸

▲ 해가 진 직후에 관측한 달의 위치와 모양

4 달의 표면 무늬 달의 위상이 달라져도 달의 표면 무늬는 항상 같다. ➡ 달은 자전 주기와 공전 주기가 같아서 항상 같은 면이 지구를 향하기 때문

▲ 달의 위상 변화와 표면 무늬

ⓒ 일식과 월식

1 일식과 월식이 일어나는 까닭 달이 공전하며 태양의 앞을 지나거나 지구의 그림자로 들어가기 때문에 지구에서 일식과 월식이 관측된다.

2 일식 지구에서 보았을 때 달이 태양의 전체 또는 일부를 가리는 현상
(1) 개기 일식 : 달이 태양을 완전히 가리는 현상
(2) 부분 일식 : 달이 태양의 일부를 가리는 현상

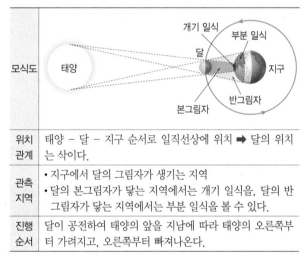

모식도	
위치 관계	태양 – 달 – 지구 순서로 일직선상에 위치 ➡ 달의 위치는 삭이다.
관측 지역	• 지구에서 달의 그림자가 생기는 지역 • 달의 본그림자가 닿는 지역에서는 개기 일식을, 달의 반그림자가 닿는 지역에서는 부분 일식을 볼 수 있다.
진행 순서	달이 공전하여 태양의 앞을 지남에 따라 태양의 오른쪽부터 가려지고, 오른쪽부터 빠져나온다.

3 월식 지구에서 보았을 때 달이 지구의 그림자 속에 들어가 달의 전체 또는 일부가 가려지는 현상
(1) 개기 월식 : 달 전체가 지구의 본그림자에 가려지는 현상
(2) 부분 월식 : 달의 일부가 지구의 본그림자에 가려지는 현상

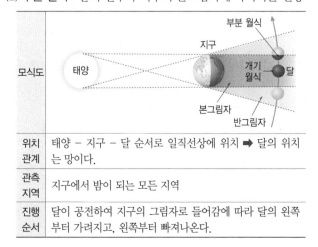

모식도	
위치 관계	태양 – 지구 – 달 순서로 일직선상에 위치 ➡ 달의 위치는 망이다.
관측 지역	지구에서 밤이 되는 모든 지역
진행 순서	달이 공전하여 지구의 그림자로 들어감에 따라 달의 왼쪽부터 가려지고, 왼쪽부터 빠져나온다.

[1~2] 그림은 달의 크기를 측정하는 방법을 나타낸 것이다.

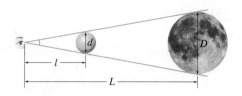

1 달의 지름(D)을 구하기 위해 직접 측정해야 하는 값은 (　　　)와 (　　　)이다.

2 달의 지름(D)을 구하기 위한 비례식을 완성하시오.

> (　　　) : (　　　) $= l : L$

3 달의 지름은 지구 지름의 약 (　　　)배이다.

4 달의 위상이 변하는 것은 달이 지구 주위를 (　　　)하기 때문이다.

5 그림과 같이 달이 공전하여 A~D 위치에 있을 때 지구에서 보이는 달의 모양을 그리고, 이름을 쓰시오.

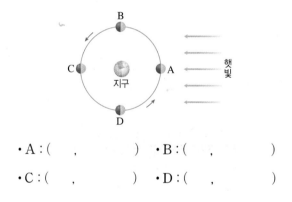

• A : (　　　,　　　)　• B : (　　　,　　　)
• C : (　　　,　　　)　• D : (　　　,　　　)

6 음력 15일경에 달의 위치는 (　　　)이고, 이때 달의 위상은 (　　　)이다.

7 매일 같은 시각에 관측한 달은 (　　　)쪽에서 (　　　)쪽으로 약 (　　　)°씩 이동한다.

8 달은 지구 주위를 공전하면서 같은 주기로 자전하기 때문에 지구에서 보이는 달의 표면 무늬는 항상 (같다, 다르다).

9 달이 공전하며 태양의 전체 또는 일부를 가리는 현상을 (일식, 월식)이라고 한다.

10 월식이 일어날 때는 태양 – (　　　) – (　　　) 순서로 일직선을 이룬다.

핵심 족보

A **1** 삼각형의 닮음비를 이용하여 달의 크기 측정하기 ★★★

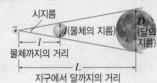

- 직접 측정하는 값 : 물체의 지름(d), 물체까지의 거리(l)
- 미리 알아야 하는 값 : 지구에서 달까지의 거리(L)
- $d : D = l : L$ ➡ D(달의 지름)$= \dfrac{d \times L}{l}$

B **2** 달의 공전과 위상 변화 ★★★

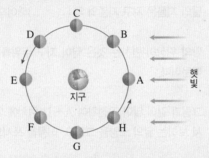

A	B	C	E	G	H
보이지 않음	초승달	상현달	보름달	하현달	그믐달

3 해가 진 직후 관측한 달의 모양과 위치 변화 ★★★

달의 위치는 하루에 약 13°씩 서에서 동으로 이동한다.
➡ 달이 공전하기 때문

4 달의 표면 무늬가 항상 같은 까닭 ★★

달은 자전 주기와 공전 주기가 같아서 항상 같은 면이 지구를 향하기 때문

C **5** 일식과 월식이 일어날 때 태양, 지구, 달의 위치 관계 ★★

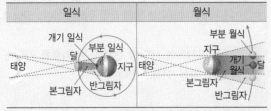

일식	월식

- 일식이 일어날 때 달의 위치는 삭이다.(태양 - 달 - 지구)
- 월식이 일어날 때 달의 위치는 망이다.(태양 - 지구 - 달)

Step 1 반드시 나오는 문제

[1~2] 그림과 같이 달의 크기를 구하기 위해 동전을 앞뒤로 움직여 보름달이 정확히 가려지도록 하였다.

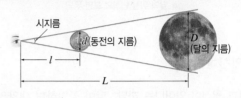

1 달의 크기를 구하기 위해 실험에서 직접 측정해야 하는 값을 보기에서 모두 고른 것은?

- **보기**
ㄱ. 달의 지름(D)
ㄴ. 동전의 지름(d)
ㄷ. 눈에서 동전까지의 거리(l)
ㄹ. 지구에서 달까지의 거리(L)

① ㄱ, ㄷ　　　② ㄱ, ㄹ　　　③ ㄴ, ㄷ
④ ㄱ, ㄴ, ㄹ　　　⑤ ㄴ, ㄷ, ㄹ

2 이에 대한 설명으로 옳지 않은 것은?

① 동전과 달의 시지름은 같다.
② 물체의 크기는 거리가 가까울수록 크게 보인다.
③ 삼각형의 닮음비를 이용하여 달의 지름을 구할 수 있다.
④ 달의 지름을 구하기 위한 비례식은 $d : D = L : l$이다.
⑤ 크기가 작은 동전으로 실험하면, 눈에서 동전까지의 거리(l)가 짧아진다.

3 지구에서 관측되는 달의 모양이 변하는 까닭으로 옳은 것은?

① 달의 자전 주기와 공전 주기가 같기 때문이다.
② 태양이 동쪽에서 떠서 서쪽으로 지기 때문이다.
③ 지구가 자전하면서 달이 일주 운동하기 때문이다.
④ 지구가 태양 주위를 공전하면서 태양이 보이는 위치가 변하기 때문이다.
⑤ 달이 지구 주위를 공전하면서 태양, 달, 지구의 상대적인 위치가 변하기 때문이다.

난이도 ●●● 시험에 꼭 나오는 출제 가능성이 높은 예상
문제로 구성하고, 난이도를 표시하였습니다.

[4~6] 그림은 달의 공전 궤도를 나타낸 것이다.

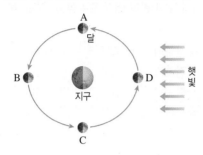

○○●○

4 달이 A에 위치할 때 지구에서 보이는 달의 모양은?

○○●○

5 달이 A~D에 위치할 때 달의 위상을 옳게 짝 지은 것은?

	A	B	C	D
①	상현달	보이지 않음	보름달	하현달
②	상현달	보름달	하현달	보이지 않음
③	하현달	보이지 않음	상현달	보름달
④	하현달	보름달	상현달	보이지 않음
⑤	보이지 않음	상현달	보름달	하현달

●○○●

6 이에 대한 설명으로 옳은 것을 보기에서 모두 고른 것은?

• 보기 •
ㄱ. 달이 A에 위치할 때와 C에 위치할 때 지구에서 보이
 는 달의 모양은 같다.
ㄴ. 음력 15일경에 달의 위치는 B이다.
ㄷ. 달이 C에 위치할 때는 왼쪽 반원이 밝은 반달로 보인다.
ㄹ. 초승달은 달이 C와 D 사이에 위치할 때 관측된다.

① ㄱ, ㄴ　　　② ㄱ, ㄷ　　　③ ㄴ, ㄷ
④ ㄴ, ㄹ　　　⑤ ㄷ, ㄹ

●●●●

7 그림은 해가 진 직후 매일 같은 시각에 관측한 달의 모습이다.

이에 대한 설명으로 옳지 <u>않은</u> 것은?

① 달은 약 15일을 주기로 모양이 변한다.
② 달은 지구 주위를 서에서 동으로 공전한다.
③ 달의 위치는 매일 약 13 °씩 동쪽으로 이동한다.
④ 달의 모양은 초승달 → 상현달 → 보름달로 변한다.
⑤ 가장 오래 관측할 수 있는 달은 보름달이다.

○○●●

8 일식과 월식에 대한 설명으로 옳은 것은?

① 일식은 태양이 지구 그림자에 가려지는 현상이다.
② 일식은 달의 위치가 망일 때 일어날 수 있다.
③ 월식은 달이 지구에 가려지는 현상이다.
④ 월식이 일어날 때 달의 위상은 보름달이다.
⑤ 일식과 월식은 달이 태양 주위를 공전하기 때문에 일
 어나는 현상이다.

○○●●

9 그림은 일식이 일어날 때의 모습을 나타낸 것이다.

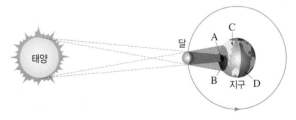

이에 대한 설명으로 옳지 <u>않은</u> 것은?

① 일식은 매달 일어나지는 않는다.
② A에서는 개기 일식을 볼 수 있다.
③ D에서는 부분 일식을 볼 수 있다.
④ 이날 밤에는 달이 보이지 않을 것이다.
⑤ 일식이 일어날 때 태양은 오른쪽부터 가려진다.

Step2 자주 나오는 문제

10 그림은 달의 크기를 측정하는 실험이다.

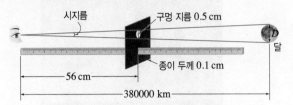

달의 지름(D)을 구하기 위한 비례식으로 옳은 것은?

① 0.5 cm : D = 56 cm : 380000 km
② 0.5 cm : D = 380000 km : 56 cm
③ 0.5 cm : 56 cm = 380000 km : D
④ 0.1 cm : D = 380000 km : 56 cm
⑤ 0.1 cm : 56 cm = D : 380000 km

[11~12] 그림은 달의 공전 궤도를 나타낸 것이다.

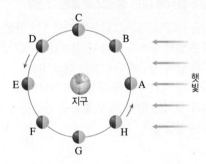

11 달이 G 위치에 있을 때 보이는 달의 이름과 모양을 옳게 짝 지은 것은?

① 보름달 –   ② 하현달 –   ③ 초승달 –

④ 상현달 –   ⑤ 하현달 –

12 이에 대한 설명으로 옳은 것은?

① 달이 A에 있을 때는 망이다.
② C에서 달의 위상은 설날(음력 1월 1일)의 위상과 같다.
③ 달이 D에 있을 때는 초승달로 보인다.
④ 달이 E에 있을 때는 햇빛을 받는 부분이 보이지 않는다.
⑤ 그믐달은 달이 H에 있을 때 관측된다.

13 지구에서 달의 한쪽 면만 관측할 수 있는 까닭으로 옳은 것은?

① 달이 공전하지 않기 때문
② 달이 자전하지 않기 때문
③ 달의 자전 주기와 공전 주기가 같기 때문
④ 달이 공전하는 동안 지구가 자전하기 때문
⑤ 지구의 자전 주기가 달의 자전 주기보다 짧기 때문

14 그림은 달의 공전 궤도를 나타낸 것이다.

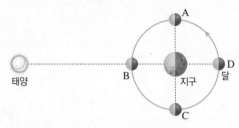

A~D 중 일식이 일어날 수 있는 곳과 월식이 일어날 수 있는 곳을 순서대로 옳게 짝 지은 것은?

① A, B   ② B, D   ③ C, A
④ D, A   ⑤ D, B

15 그림은 태양, 지구, 달이 일직선을 이루고 있는 모습을 나타낸 것이다.

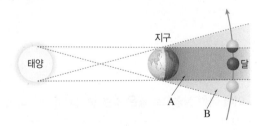

이에 대한 설명으로 옳지 않은 것은?

① 월식이 일어날 때의 모습이다.
② A는 지구의 본그림자, B는 지구의 반그림자이다.
③ 월식은 지구에서 밤이 되는 지역 전체에서 볼 수 있다.
④ 달의 일부가 B로 들어가면 부분 월식이 일어난다.
⑤ 달의 왼쪽부터 지구 그림자에 가려지고, 왼쪽부터 빠져 나온다.

16 그림 (가)는 달의 공전 궤도를, 그림 (나)는 해가 진 직후에 관측한 달의 모양과 위치를 나타낸 것이다.

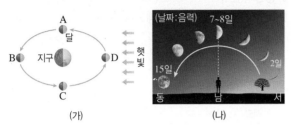

(가)   (나)

이에 대한 설명으로 옳은 것을 보기에서 모두 고르시오.

┌─ 보기 ─
ㄱ. A에 있는 달은 하현달로, 음력 7~8일에 관측된다.
ㄴ. 해가 진 직후 동쪽 하늘에서 떠오르는 달의 위치는 B이다.
ㄷ. C에 있는 달은 초저녁에는 볼 수 없다.
ㄹ. 달이 D에 있을 때는 음력 22~23일이다.
└─

17 달이 뜨는 시각이 매일 조금씩 늦어지는 까닭으로 옳은 것은?

① 달이 공전하면서 자전하기 때문
② 달의 자전 주기가 공전 주기와 같기 때문
③ 지구가 자전하는 동안 달이 공전하기 때문
④ 지구가 공전하는 동안 달이 자전하기 때문
⑤ 지구가 공전하는 동안 달이 공전하기 때문

18 그림은 태양, 달, 지구의 위치 관계를 나타낸 것이다.

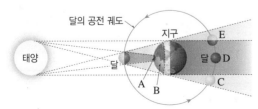

이에 대한 설명으로 옳은 것을 모두 고르면?(2개)

① 망일 때 일식, 삭일 때 월식이 일어날 수 있다.
② B에서는 부분 일식이 관측된다.
③ 달이 C에 위치할 때 부분 월식이 일어난다.
④ 지구상의 모든 지역에서 일식을 관측할 수 있다.
⑤ 일식보다 월식의 지속 시간이 더 길다.

19 그림은 달 그림의 크기를 측정하는 방법을 나타낸 것이다.

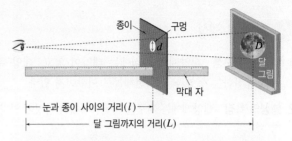

눈과 종이 사이의 거리(l)가 12 cm, 구멍의 지름(d)이 6 mm, 달 그림까지의 거리(L)가 3 m일 때, 달 그림의 지름(D)을 구하는 식을 쓰고, 값을 구하시오.

_____

_____

[20~21] 그림은 달의 공전 궤도를 나타낸 것이다.

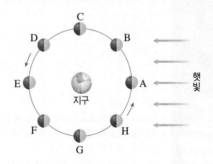

20 달이 E에 위치할 때 달의 위상을 쓰고, 관측 가능한 날짜를 서술하시오.

_____

_____

21 A~H 중 일식과 월식이 일어날 때의 위치를 순서대로 쓰고, 일식과 월식이 일어날 때 태양과 달 사이의 거리를 비교하여 서술하시오.

_____

_____

03 태양계의 구성

A 태양계 행성

1 태양계의 구성 태양계의 중심에는 태양이 있고, 태양 주위를 공전하는 행성과 작은 천체들로 이루어져 있다.

2 행성의 특징 태양계에는 지구를 비롯한 8개의 행성이 있다.

행성	특징
수성	• 태양계 행성 중 태양에 가장 가깝다. • 태양계 행성 중 크기가 가장 작다. • 대기가 없어 낮과 밤의 표면 온도 차이가 매우 크다. • 표면에 운석 구덩이가 많다. ➡ 물과 대기가 없어 풍화·침식 작용이 잘 일어나지 않기 때문
금성	• 태양계 행성 중 크기와 질량이 지구와 가장 비슷하다. • 태양계 행성 중 지구에서 가장 밝게 보인다. • 주로 이산화 탄소로 이루어진 두꺼운 대기가 있다. ➡ 기압이 높고, 표면 온도가 약 470 ℃로 매우 높다.
화성 극관	• 토양에 산화철 성분이 많아 붉게 보인다. • 지구와 같이 계절 변화가 나타난다. • 대기는 매우 희박하며, 주로 이산화 탄소로 이루어져 있다. • 극지방에 얼음과 드라이아이스로 이루어진 극관이 있다. • 물이 흘렀던 흔적이 있고, 거대한 화산과 협곡이 있다.
목성 대적점	• 태양계 행성 중 크기가 가장 크다. • 주로 수소와 헬륨으로 이루어져 있다. • 표면에 적도와 나란한 줄무늬와 대기의 소용돌이인 대적점이 나타난다. • 희미한 고리가 있고, ♥갈릴레이 위성을 비롯한 수많은 ♥위성이 있다.
토성	• 태양계 행성 중 크기가 두 번째로 크다. • 태양계 행성 중 밀도가 가장 작다. • 표면에 적도와 나란한 줄무늬가 나타난다. • 암석 조각과 얼음으로 이루어진 뚜렷한 고리가 있다. • 타이탄을 비롯한 수많은 위성이 있다.
천왕성	• 대기에 메테인이 포함되어 있어 청록색으로 보인다. • 자전축이 공전 궤도면과 거의 나란하여 누운 채로 자전한다. • 희미한 고리와 여러 개의 위성이 있다.
해왕성 대흑점	• 천왕성과 크기와 성분이 비슷하며, 파란색을 띤다. • 대기의 소용돌이로 생긴 검은 점(대흑점)이 나타난다. • 희미한 고리와 여러 개의 위성이 있다.

♥ **갈릴레이 위성** : 갈릴레이가 발견한 목성의 위성으로, 이오, 유로파, 가니메데, 칼리스토이다.
♥ **위성** : 행성 주위를 공전하는 천체 예 달

3 행성의 분류

(1) 내행성과 외행성 : 공전 궤도에 따라 구분한다.

구분	내행성	외행성
행성	수성, 금성	화성, 목성, 토성, 천왕성, 해왕성
공전 궤도	지구 공전 궤도 안쪽에서 공전	지구 공전 궤도 바깥쪽에서 공전

(2) 지구형 행성과 목성형 행성 : 물리적 특성에 따라 구분한다.

구분	지구형 행성	목성형 행성
행성	수성, 금성, 지구, 화성	목성, 토성, 천왕성, 해왕성
질량	작다	크다
반지름	작다	크다
밀도	크다	작다
고리	없다	있다
위성 수	적거나 없다	많다

▲ 지구형 행성과 목성형 행성의 분류

B 태양

1 태양의 표면

표면	광구	• 눈에 보이는 태양의 둥근 표면 • 온도 : 약 6000 ℃
	쌀알 무늬	• 광구 전체에 쌀알을 뿌려 놓은 것 같은 무늬 • 내부의 대류 현상으로 나타난다. ➡ 밝은 부분은 고온의 기체가 상승하는 곳, 어두운 부분은 냉각된 기체가 하강하는 곳이다.
현상	흑점	• 광구에 나타나는 검은 점 • 주위보다 온도가 낮아(약 4000 ℃) 어둡게 보인다.

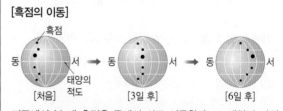

◀ 광구

[흑점의 이동]

동 ← → 서 동 ← → 서 동 ← → 서
[처음]　　　[3일 후]　　　[6일 후]

지구에서 볼 때 흑점은 동에서 서로 이동한다. ➡ 태양이 자전함을 알 수 있다(서 → 동).

2 태양의 대기 평소에는 광구가 밝아 잘 보이지 않고, 개기일식 때 잘 관측된다.

대기	채층	광구 바로 위쪽의 붉은색을 띠는 얇은 대기층	
	코로나	• 채층 바깥쪽으로 넓게 뻗어 있는 대기층 • 온도가 100만 ℃ 이상으로 높고, 옅은 진주색을 띤다.	
현상	홍염	고온의 기체가 광구에서부터 대기로 솟아오르는 현상	
	플레어	흑점 주변의 폭발로 많은 양의 에너지가 일시적으로 방출되는 현상	

3 태양 활동의 영향 태양 활동이 활발해지면 태양에서 나타나는 현상이 변하고, 지구도 그 영향을 받는다.

태양에서 나타나는 현상	• 흑점 수가 많아진다. ➡ 약 11년 주기로 변화 • 코로나의 크기가 커진다. • 홍염, 플레어가 자주 발생한다. • 태양풍이 강해진다.
지구가 받는 영향	• ♀자기 폭풍이 발생한다. • 델린저 현상(무선 통신 장애)이 나타나거나, 지피에스(GPS) 수신에 장애가 생긴다. • 인공위성이 고장 나거나, 송전 시설 고장으로 대규모 정전이 일어난다. • 오로라 발생 횟수가 늘어나고, 더 넓은 지역에서 발생한다.

♀ **자기 폭풍** : 지구 자기장이 짧은 시간 동안 불규칙하게 변하는 현상

ⓒ 천체 관측

1 천체 망원경의 구조와 기능

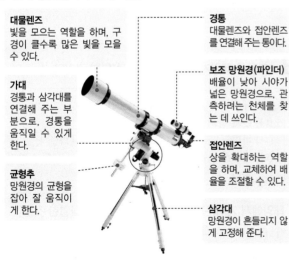

대물렌즈
빛을 모으는 역할을 하며, 구경이 클수록 많은 빛을 모을 수 있다.

가대
경통과 삼각대를 연결해 주는 부분으로, 경통을 움직일 수 있게 한다.

균형추
망원경의 균형을 잡아 잘 움직이게 한다.

경통
대물렌즈와 접안렌즈를 연결해 주는 통이다.

보조 망원경(파인더)
배율이 낮아 시야가 넓은 망원경으로, 관측하려는 천체를 찾는 데 쓰인다.

접안렌즈
상을 확대하는 역할을 하며, 교체하여 배율을 조절할 수 있다.

삼각대
망원경이 흔들리지 않게 고정해 준다.

2 천체 망원경을 이용한 관측 순서 조립하기(삼각대 → 가대 → 균형추 → 경통 → 보조 망원경과 접안렌즈) → 균형 맞추기 → 파인더 정렬 → 천체 관측(저배율 → 고배율)

1 태양계에서 오른쪽 그림과 같이 보이는 행성은 무엇인가?

2 달과 같이 표면에 운석 구덩이가 많은 행성의 이름을 쓰시오.

3 두꺼운 이산화 탄소 대기로 이루어져 있어 표면 온도가 매우 높고, 지구에서 볼 때 가장 밝게 보이는 행성은 (   )이다.

4 표면에 물이 흘렀던 흔적이 보이고, 양극에 얼음과 드라이아이스로 된 극관이 있는 행성의 이름을 쓰시오.

5 태양계 행성 중 가장 큰 행성은 (   )이고, 두 번째로 큰 행성은 (   )이다.

6 표는 지구형 행성과 목성형 행성의 특징을 비교한 것이다. (   ) 안에 알맞은 말을 쓰시오.

구분	밀도	고리	위성 수
지구형 행성	㉠( )	㉡( )	적거나 없다
목성형 행성	㉢( )	㉣( )	많다

[7~8] 다음은 태양에서 관측할 수 있는 것이다.

(가) 홍염	(나) 흑점	(다) 채층
(라) 플레어	(마) 코로나	(바) 쌀알 무늬

7 (가)~(바) 중 각 설명에 해당하는 것을 쓰시오.
(1) 주위보다 온도가 낮아 어둡게 보인다.
(2) 태양의 대기층으로 온도가 100만 ℃ 이상이다.
(3) 흑점 주변의 폭발로 일시적으로 매우 밝게 보인다.

8 (가)~(바) 중 광구에서 관측할 수 있는 것을 쓰시오.

9 태양에서 관측되는 (가)와 (나)의 이름을 쓰시오.

(가)   (나)

10 태양 활동이 활발할 때 지구에서 나타나는 현상으로 옳은 것은 ○, 옳지 않은 것은 ×로 표시하시오.
(1) 델린저 현상이 나타난다. ················ (   )
(2) 오로라가 잘 나타나지 않는다. ············· (   )
(3) 지구 자기장에 급격한 변화가 일어난다. ····· (   )

족집게 문제

핵심 족보

A 1 태양계 행성의 주요 특징 ★★★

행성	특징
수성	크기가 가장 작고, 대기가 없어서 낮과 밤의 표면 온도 차이가 매우 큼
금성	지구에서 가장 밝게 보이고, 두꺼운 이산화 탄소 대기가 있어 표면 온도가 매우 높음
화성	표면이 붉게 보이며, 양극에 극관이 있고, 물이 흘렀던 자국이 있음
목성	크기가 가장 크고, 표면에 적도와 나란한 줄무늬와 대적반이 나타남
토성	뚜렷한 고리가 있고, 밀도가 가장 작음
천왕성	청록색을 띠고, 자전축이 공전 궤도와 거의 나란함
해왕성	표면에 대흑점이 나타남

2 지구형 행성과 목성형 행성의 분류 ★★

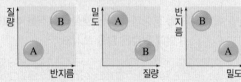

- A : 반지름과 질량이 작고, 밀도가 크다. ➡ 지구형 행성
- B : 반지름과 질량이 크고, 밀도가 작다. ➡ 목성형 행성

B 3 태양에서 관측할 수 있는 것 ★★★

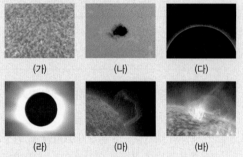

- (가) 쌀알 무늬, (나) 흑점, (다) 채층, (라) 코로나, (마) 홍염, (바) 플레어
- 태양의 표면(광구)에서 나타나는 현상 : (가), (나)
- 태양의 대기 : (다), (라)
- 대기에서 나타나는 현상 : (마), (바)

4 개기 일식 때 잘 관측할 수 있는 것 ★★

태양의 대기(채층, 코로나)와 대기 현상(홍염, 플레어)
➡ 광구의 밝기가 너무 밝아서 평소에는 보기 어려움

5 태양 활동이 활발할 때 나타나는 현상 ★★★

태양	지구
• 흑점 수 증가 • 코로나 크기 커짐 • 홍염, 플레어가 자주 발생 • 태양풍이 강해짐	• 자기 폭풍 발생 • 델린저 현상, GPS 수신 장애 발생 • 인공위성 및 송전 시설 고장 • 오로라 발생 횟수 증가

Step 1 반드시 나오는 문제

1 다음은 태양계 행성에 대한 설명이다.

- 고리가 없는 행성이다.
- 표면에 물이 흘렀던 자국이 있다.
- 지구와 같이 계절 변화가 나타난다.

이 행성의 이름은 무엇인가?

① 수성　　② 금성　　③ 화성
④ 목성　　⑤ 토성

2 태양계 행성에 대한 설명으로 옳은 것은?

① 크기가 가장 큰 행성은 토성이다.
② 목성은 태양계 행성 중 밀도가 가장 작다.
③ 수성은 표면에 운석 구덩이가 많이 남아 있다.
④ 화성은 이산화 탄소로 이루어진 두꺼운 대기가 있다.
⑤ 해왕성은 대기에 메테인이 포함되어 청록색을 띤다.

3 다음은 태양계 행성의 특징을 설명한 것이다.

(가) 태양계 행성 중 크기가 가장 크다.
(나) 낮과 밤의 표면 온도 차가 매우 크다.
(다) 파란색으로 보이고, 표면에 대흑점이 나타난다.
(라) 자전축이 공전 궤도와 거의 나란하여 누운 채로 자전한다.

태양에서 가까운 행성부터 순서대로 옳게 나열한 것은?

① (가) - (나) - (다) - (라)
② (가) - (나) - (라) - (다)
③ (나) - (가) - (라) - (다)
④ (나) - (다) - (라) - (가)
⑤ (다) - (라) - (가) - (나)

4 지구형 행성과 목성형 행성의 특징을 비교한 것으로 옳은 것은?

	구분	지구형 행성	목성형 행성
①	질량	크다	작다
②	고리	있다	없다
③	반지름	크다	작다
④	위성 수	많다	적거나 없다
⑤	밀도	크다	작다

5 오른쪽 그래프는 태양계 행성을 평균 밀도와 반지름에 따라 두 집단으로 구분한 것이다. 이에 대한 설명으로 옳은 것은?

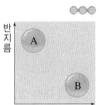

① A는 지구형 행성이다.
② A에 속하는 행성은 고리가 있다.
③ 수성, 금성은 A에 해당한다.
④ B에 속하는 행성은 모두 위성이 있다.
⑤ B에 속하는 행성은 모두 지구 공전 궤도 안쪽에서 공전한다.

6 그림은 태양의 표면을 나타낸 것이다.

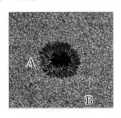

이에 대한 설명으로 옳은 것은?

① A는 주위보다 온도가 높다.
② A와 B는 개기 일식 때만 관측된다.
③ A의 수가 적을 때 태양 활동이 활발해진다.
④ B는 태양 내부의 대류 현상에 의해 나타난다.
⑤ 지구에서 볼 때 A의 위치는 움직이지 않는다.

7 다음은 태양에서 볼 수 있는 모습과 이에 대한 설명이다.

• 개기 일식 때 잘 관측된다.
• 태양의 가장 바깥쪽 대기층이다.
• 온도가 100만 ℃ 이상으로 매우 높다.

이를 무엇이라고 하는가?

① 채층　　　② 홍염　　　③ 코로나
④ 플레어　　⑤ 태양풍

8 태양에서 관측되는 여러 가지 현상에 대한 설명으로 옳지 않은 것은?

① 광구의 온도는 약 4000 ℃이다.
② 채층은 광구 바로 위에 보이는 붉은색 대기층이다.
③ 홍염은 고온의 기체가 대기로 솟아오르는 현상이다.
④ 플레어는 강력한 에너지를 방출하는 폭발 현상이다.
⑤ 쌀알 무늬는 광구 전체에 쌀알을 뿌려 놓은 것 같은 작고 밝은 무늬이다.

9 그림은 태양에서 관측할 수 있는 현상이다.

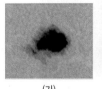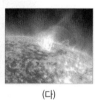

(가)　　　　　(나)　　　　　(다)

(가)~(다)에 대한 설명으로 옳은 것은?

① (가)는 태양의 대기에서 관측할 수 있다.
② (나)는 플레어이다.
③ (나)는 채층 바깥쪽으로 넓게 퍼져 있는 대기층이다.
④ (다)는 태양의 표면에서 관측할 수 있다.
⑤ (다)는 태양 활동이 활발할 때 자주 발생한다.

10 태양 활동이 활발할 때 지구에서 나타나는 현상으로 옳지 않은 것은?

① 오로라가 없어진다.
② 인공위성이 고장 난다.
③ 자기 폭풍이 일어난다.
④ 델린저 현상이 나타난다.
⑤ 송전 시설 고장으로 정전이 되기도 한다.

Step 2 자주 나오는 문제

11 금성에 대한 설명으로 옳지 않은 것은?

① 표면 기압이 매우 높다.
② 낮과 밤의 표면 온도 차이가 매우 크다.
③ 지구에서 볼 때 가장 밝게 보이는 행성이다.
④ 이산화 탄소로 이루어진 두꺼운 대기가 있다.
⑤ 태양계 행성 중 크기와 질량이 지구와 가장 비슷하다.

12 오른쪽 그림은 태양계를 이루는 어떤 행성을 나타낸 것이다. 이 행성에 대한 설명으로 옳은 것은?

① 태양계 행성 중 크기가 가장 작다.
② 태양계 행성 중 위성이 가장 적다.
③ 거대한 대기의 소용돌이인 대적점이 있다.
④ 대기의 대부분은 이산화 탄소로 되어 있다.
⑤ 산화 철 성분의 토양 때문에 표면이 붉게 보인다.

[13~14] 그림은 태양 주위를 돌고 있는 행성을 나타낸 것이다.

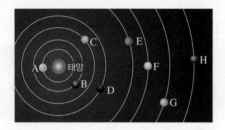

13 이에 대한 설명으로 옳지 않은 것은?

① A : 표면에 운석 구덩이가 많다.
② B : 지구에서 가장 밝게 보인다.
③ D : 양극에 계절에 따라 크기가 변하는 극관이 있다.
④ F : 평균 밀도가 물보다 작고, 뚜렷한 고리를 볼 수 있다.
⑤ G : 과거에 물이 흘렀던 흔적이 남아 있다.

14 행성 A~H 중 다음과 같은 특징이 있는 행성을 모두 쓰시오.

• 고리가 없다.
• 위성이 적거나 없다.
• 반지름과 질량이 상대적으로 작다.

15 개기 일식 때 태양을 관측하면 볼 수 있는 것을 보기에서 모두 고른 것은?

• 보기 •
ㄱ. 홍염   ㄴ. 흑점   ㄷ. 채층
ㄹ. 플레어   ㅁ. 코로나   ㅂ. 쌀알 무늬

① ㄱ, ㄴ, ㄷ, ㄹ   ② ㄱ, ㄴ, ㅁ, ㅂ
③ ㄱ, ㄷ, ㄹ, ㅁ   ④ ㄴ, ㄷ, ㄹ, ㅂ
⑤ ㄷ, ㄹ, ㅁ, ㅂ

16 그림은 며칠 간격으로 태양 표면의 흑점을 관측하여 나타낸 것이다.

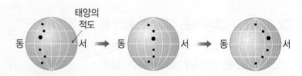

이에 대한 설명으로 옳은 것을 보기에서 모두 고른 것은?

• 보기 •
ㄱ. 지구에서 볼 때 흑점은 동에서 서로 이동한다.
ㄴ. 흑점이 이동하는 속도는 어디에서나 같다.
ㄷ. 태양이 자전한다는 것을 알 수 있다.

① ㄱ   ② ㄴ   ③ ㄷ
④ ㄱ, ㄴ   ⑤ ㄱ, ㄷ

17 그래프는 태양의 흑점 수 변화를 나타낸 것이다.

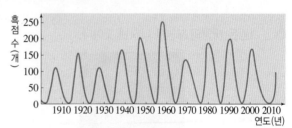

이에 대한 설명으로 옳은 것은?

① 흑점 수는 약 20년을 주기로 변한다.
② 흑점 수가 많을 때 태양풍이 약해진다.
③ 흑점 수가 적을 때 태양 활동이 활발하다.
④ 2001년에는 코로나의 크기가 커지고, 플레어가 자주 발생했을 것이다.
⑤ 2010년에 태양 활동이 가장 활발했을 것이다.

Step 3 만점! 도전 문제

[18~19] 표는 태양계 행성의 물리량을 나타낸 것이다.

행성	질량 (지구=1)	반지름 (지구=1)	평균 밀도 (g/cm³)	위성 수
A	317.9	11.21	1.3	69
B	95.14	9.45	0.7	62
C	0.82	0.95	5.2	0
D	0.11	0.53	3.9	2

18 A~D 행성에 대한 설명으로 옳은 것을 보기에서 모두 고른 것은?

┌ **보기** ────────────────────────────
ㄱ. 가장 무거운 성분으로 이루어져 있는 행성은 A이다.
ㄴ. B는 고리가 뚜렷하며 표면에 적도와 나란한 줄무늬가 나타난다.
ㄷ. C는 대기가 없어 표면에 운석 구덩이가 많다.
ㄹ. D는 표면이 단단한 암석으로 이루어져 있다.
└────────────────────────────────

① ㄱ, ㄴ   ② ㄱ, ㄷ   ③ ㄴ, ㄷ
④ ㄴ, ㄹ   ⑤ ㄷ, ㄹ

19 A~D 행성을 물리량을 기준으로 두 집단으로 구분하시오.

20 오른쪽 그림은 태양계 행성의 공전 궤도를 나타낸 것이다. 이 행성에 대한 설명으로 옳은 것을 보기에서 모두 고른 것은?

┌ **보기** ────────────────────────────
ㄱ. 지구보다 바깥쪽 궤도에서 공전한다.
ㄴ. 화성이 이에 해당한다.
ㄷ. 모두 표면이 기체로 이루어져 있다.
└────────────────────────────────

① ㄷ   ② ㄱ, ㄴ   ③ ㄱ, ㄷ
④ ㄴ, ㄷ   ⑤ ㄱ, ㄴ, ㄷ

21 금성은 수성보다 태양에서 멀리 있지만 표면 온도는 더 높다. 그 까닭을 서술하시오.

22 지구형 행성과 목성형 행성의 특징을 다음 단어를 모두 사용해 비교하여 서술하시오.

┌────────────────────────────────
밀도, 반지름, 질량
└────────────────────────────────

23 그림은 태양계 행성을 물리량에 따라 두 집단으로 구분한 것이다.

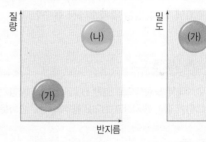

(1) (가)와 (나) 집단의 이름을 각각 쓰시오.

(2) 다음 행성을 (가)와 (나)로 분류하시오.

┌────────────────────────────────
수성, 금성, 화성, 토성, 해왕성
└────────────────────────────────

24 태양 활동이 활발할 때 태양에서 나타나는 현상과 지구가 받는 영향을 각각 <u>두 가지씩</u> 서술하시오.

01 광합성

A 광합성

1 광합성 식물이 빛에너지를 이용하여 이산화 탄소와 물을 원료로 양분을 만드는 과정

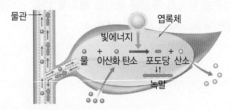

- 광합성이 일어나는 장소 : 엽록체
① 식물 세포에 있는 초록색의 작은 알갱이로, 주로 식물의 잎 세포에 들어 있다.
② 빛을 흡수하는 초록색 색소인 엽록소가 들어 있다.

2 광합성에 필요한 요소

(1) 이산화 탄소 : 공기 중에서 잎을 통해 흡수한다.
(2) 물 : 뿌리에서 흡수하여 물관을 통해 운반된다.
(3) 빛에너지 : 엽록체에 들어 있는 엽록소에서 흡수한다.

탐구 | 광합성에 필요한 요소

숨을 불어넣어 파란색에서 노란색으로 변한 BTB 용액을 시험관 (가)~(다)에 넣어 그림과 같이 장치하고, BTB 용액의 색깔 변화를 관찰한다.

➕ 결과 및 정리

시험관	BTB 용액의 색깔 변화
(가)	변화 없음(노란색)
(나)	파란색으로 변함 ➡ 빛을 받은 검정말이 광합성을 하면서 이산화 탄소를 사용하였다.
(다)	변화 없음(노란색) ➡ 알루미늄 포일에 의해 빛이 차단되어 검정말이 광합성을 하지 않았다.

❶ BTB 용액은 염기성일 때 파란색, 중성일 때 초록색, 산성일 때 노란색을 띤다. ➡ BTB 용액에 숨을 불어넣으면 숨 속의 이산화 탄소가 물에 녹아 산성을 띠고, 그 결과 BTB 용액의 색깔이 노란색으로 변한다.
❷ 광합성은 빛이 있을 때 일어나며, 광합성 과정에는 이산화 탄소가 필요하다.

3 광합성으로 만들어지는 물질(광합성 산물)

(1) 포도당 : 광합성 결과 처음으로 만들어지는 양분 ➡ 곧 물에 잘 녹지 않는 녹말로 바뀌어 엽록체에 저장된다.
(2) 산소 : 식물에서 사용되거나 공기 중으로 방출되어 다른 생물에 의해 이용된다.

탐구 | 광합성이 일어나는 장소와 광합성 산물

[녹말 확인]
햇빛이 잘 비치는 곳에 둔 검정말과 어둠상자에 둔 검정말을 각각 에탄올에 넣고 물중탕하여 탈색한 후 잎을 떼어 아이오딘-아이오딘화 칼륨 용액을 떨어뜨리고 현미경으로 관찰한다.

➕ 결과 및 정리

❶ 검정말을 에탄올에 넣고 물중탕하여 탈색하는 까닭 : 잎 세포 속 엽록체에서 엽록소가 녹아 빠져나와 아이오딘-아이오딘화 칼륨 용액을 떨어뜨렸을 때 색깔 변화를 잘 볼 수 있다.
❷ 아이오딘-아이오딘화 칼륨 용액 : 녹말을 검출하는 용액으로, 녹말과 반응하여 청람색을 나타낸다.
❸ 아이오딘-아이오딘화 칼륨 용액을 떨어뜨렸을 때의 변화 : 햇빛이 잘 비치는 곳에 둔 검정말 잎의 엽록체는 청람색으로 변하고, 어둠상자에 둔 검정말 잎의 엽록체는 청람색으로 변하지 않는다. ➡ 빛이 있을 때만 광합성이 일어나기 때문
❹ 광합성은 엽록체에서 일어나며, 광합성 결과 녹말이 만들어진다.

▲ 햇빛이 잘 비치는 곳에 둔 검정말 잎의 엽록체 변화

[산소 확인]
오른쪽 그림과 같이 장치하여 햇빛이 잘 비치는 곳에 두면 고무관에 검정말의 광합성으로 발생한 기체가 모인다.

➕ 결과 및 정리

❶ 고무관 끝에 향의 불꽃을 가져가면 향의 불꽃이 다시 타오른다.
❷ 광합성으로 발생하는 기체는 물질을 태우는 성질이 있는 산소이다.

4 광합성에 영향을 미치는 요인 광합성은 빛의 세기, 이산화 탄소의 농도, 온도와 같은 환경 요인이 모두 알맞게 유지될 때 활발하게 일어날 수 있다.

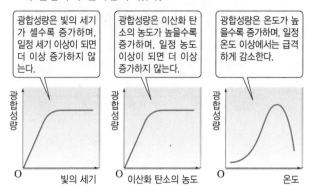

> 광합성량은 빛의 세기가 셀수록 증가하며, 일정 세기 이상이 되면 더 이상 증가하지 않는다.

> 광합성량은 이산화 탄소의 농도가 높을수록 증가하며, 일정 농도 이상이 되면 더 이상 증가하지 않는다.

> 광합성량은 온도가 높을수록 증가하며, 일정 온도 이상에서는 급격하게 감소한다.

탐구 빛의 세기와 광합성

시금치 잎 조각 6개를 1 % 탄산수소 나트륨 수용액이 담긴 비커에 넣고 전등 3개를 설치한 다음 전등이 켜진 개수를 늘리면서 잎 조각이 모두 떠오르는 데 걸리는 시간을 측정한다.

- 비커
- 1 % 탄산수소 나트륨 수용액
- 시금치 잎 조각
- 발광 다이오드(LED) 전등

✚ **결과 및 정리**

전등이 켜진 개수	1개	2개	3개
잎 조각이 모두 떠오르는 데 걸린 시간(초)	265	240	209

❶ **탄산수소 나트륨 수용액** : 광합성에 필요한 이산화 탄소를 공급한다.
❷ **전등이 켜진 개수** : 광합성에 영향을 미치는 환경 요인인 빛의 세기를 조절하는 것이다.
❸ **잎 조각이 떠오르는 까닭** : 광합성 결과 산소가 발생하기 때문 ➡ 산소 발생량은 광합성량을 뜻한다.
❹ 전등이 켜진 개수가 늘어날수록 잎 조각이 빨리 떠오른다. ➡ 빛의 세기가 셀수록 산소 발생량(광합성량)이 증가하기 때문

ⓑ 증산 작용

1 잎의 구조와 기공

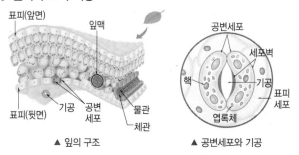

- 표피(앞면)
- 잎맥
- 표피(뒷면)
- 기공
- 공변세포
- 물관
- 체관
- 공변세포
- 세포벽
- 핵
- 기공
- 표피세포
- 엽록체

▲ 잎의 구조   ▲ 공변세포와 기공

(1) **표피** : 잎의 가장 바깥 부분을 싸고 있는 한 겹의 세포층으로, 표피 세포로 이루어져 있으며 곳곳에 공변세포가 있다.

표피 세포	엽록체가 없어 색깔을 띠지 않고 투명하다.
공변세포	엽록체가 있어 초록색을 띠며, 안쪽 세포벽이 바깥쪽 세포벽보다 두꺼워 진하게 보인다.

(2) **기공** : 잎의 표피에 있는 작은 구멍으로, 공변세포 2개가 둘러싸고 있으며, 주로 잎의 뒷면에 많다. ➡ 산소와 이산화 탄소, 수증기 등과 같은 기체가 드나드는 통로 역할

2 증산 작용 식물체 속의 물이 수증기로 변하여 잎의 기공을 통해 공기 중으로 빠져나가는 현상

(1) 뿌리에서 흡수한 물이 잎까지 이동하는 원동력이 된다.
(2) 식물 내부의 물을 밖으로 내보내어 수분량을 조절한다.
(3) 물이 증발하면서 주변의 열을 흡수하므로, 식물과 주변의 온도를 낮춘다.

탐구 증산 작용이 일어나는 장소

같은 양의 물을 넣은 눈금실린더 (가), (나)에 잎을 모두 딴 나뭇가지와 잎이 달린 나뭇가지를 넣어 그림과 같이 장치한다.

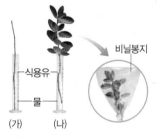

- 식용유
- 물
- (가) (나)
- 비닐봉지

✚ **결과 및 정리**
❶ 식용유는 물의 증발을 막기 위해 떨어뜨린다.
❷ (가)에서는 수면의 높이에 거의 변화가 없다. ➡ 잎이 없어 증산 작용이 일어나지 않았기 때문
❸ (나)에서는 수면의 높이가 낮아진다. ➡ 잎에서 증산 작용이 일어나 물이 나뭇가지 안으로 이동하였기 때문
❹ (나)를 비닐봉지로 밀봉하면 비닐봉지 안에 물방울이 맺힌다.
  ➡ 잎에서 증산 작용으로 빠져나온 수증기가 비닐봉지에 닿아 액화된 것이다.
  ➡ 비닐봉지 안의 습도가 높아져 증산 작용이 감소한다.
❺ 증산 작용은 잎에서 일어나며, 습도가 낮을 때 잘 일어난다.

3 기공의 열림·닫힘과 증산 작용
(1) 기공은 공변세포의 모양에 따라 열리거나 닫힌다.
(2) 기공은 주로 낮에 열리고 밤에 닫히므로 증산 작용은 낮에 활발하게 일어난다.

4 증산 작용이 잘 일어나는 조건

햇빛	온도	습도	바람
강할 때	높을 때	낮을 때	잘 불 때

5 증산 작용과 광합성 기공이 많이 열려 증산 작용이 활발할 때 이산화 탄소가 많이 흡수되고, 뿌리에서 흡수한 물이 잎까지 상승하므로 광합성도 활발해진다.

1 다음은 광합성 과정을 식으로 나타낸 것이다. ( ) 안에 알맞은 말을 쓰시오.

$$(\quad)+물 \xrightarrow{\text{빛에너지}} (\quad)+산소$$

2 광합성에 필요한 요소가 흡수되는 장소를 옳게 연결하시오.

(1) 이산화 탄소 •　　　　　• ㉠ 엽록소
(2) 물　　　　•　　　　　• ㉡ 뿌리
(3) 빛에너지 •　　　　　• ㉢ 잎의 기공

3 숨을 불어넣어 파란색에서 노란색으로 변한 BTB 용액에 검정말을 넣고 빛을 비추면 BTB 용액의 색깔이 ( )으로 변한다.

4 광합성 결과 처음으로 만들어지는 양분은 포도당이며, 포도당은 곧 물에 잘 녹지 않는 ( ) 형태로 바뀌어 엽록체에 저장된다.

5 아이오딘−아이오딘화 칼륨 용액을 이용한 광합성 산물 확인 실험을 통해 광합성은 ( )에서 일어나며, 광합성 결과 ( )이 만들어지는 것을 알 수 있다.

6 광합성량은 온도가 높을수록 (증가, 감소)하며, 일정 온도 이상에서는 급격하게 (증가, 감소)한다.

7 오른쪽 그림은 잎 뒷면의 표피를 벗겨 내어 현미경으로 관찰한 결과를 나타낸 것이다. A~C의 이름을 쓰시오.

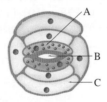

8 식물체 속의 물이 수증기로 변하여 잎의 기공을 통해 공기 중으로 빠져나가는 현상을 ( )이라고 한다.

9 기공은 주로 (밤, 낮)에 열리고 (밤, 낮)에 닫히므로, 증산 작용은 (밤, 낮)에 활발하게 일어난다.

10 증산 작용은 식물의 (뿌리, 줄기, 잎)에서 일어나고, 햇빛이 (강, 약)할 때, 온도가 (높, 낮)을 때, 습도가 (높, 낮)을 때 잘 일어난다.

핵심 족보

A 1 광합성에 필요한 요소 확인 ★★★

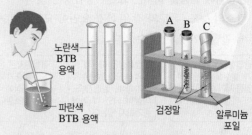

시험관	BTB 용액의 색깔 변화
A	변화 없음(노란색)
B	파란색으로 변함 ➡ 빛을 받은 검정말이 광합성을 하면서 이산화 탄소를 사용하였다.
C	변화 없음(노란색) ➡ 알루미늄 포일에 의해 빛이 차단되어 검정말이 광합성을 하지 않았다.

- BTB 용액 속에 이산화 탄소가 많아지면 용액이 노란색을 띠고, 이산화 탄소가 적어지면 용액이 파란색을 띤다.
- 광합성은 빛이 있을 때 일어나며, 광합성 과정에는 이산화 탄소가 필요하다.

2 광합성이 일어나는 장소와 광합성 산물 확인 ★★★

(가)	햇빛 조건을 다르게 한다.
(나)	엽록소가 녹아 빠져나오게 하여 잎을 탈색한다. ➡ 아이오딘−아이오딘화 칼륨 용액에 의한 색깔 변화를 잘 볼 수 있다.
(다)	빛을 비춘 검정말의 엽록체만 청람색을 띤다. ➡ 빛이 있을 때만 엽록체에서 광합성이 일어나 녹말이 만들어진다.

B 3 증산 작용이 일어나는 장소 확인 ★★★

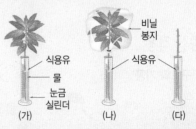

- 일정 시간 후 남아 있는 물의 양 : (가)＜(나)＜(다)
- 잎이 있는 (가)에서 증산 작용이 가장 활발하게 일어나고, 잎이 없는 (다)에서는 증산 작용이 일어나지 않는다.
- (나)에서는 비닐봉지 안에 물방울이 맺히며, 비닐봉지 안의 습도가 높아져 증산 작용이 (가)보다 덜 일어난다.

족집게 문제

Step 1 반드시 나오는 문제

[1~2] 그림은 광합성 과정을 나타낸 것이다.

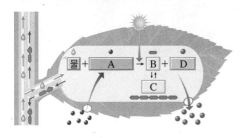

중요 1 A~D에 알맞은 말을 옳게 짝 지은 것은?

	A	B	C	D
①	산소	설탕	포도당	이산화 탄소
②	산소	설탕	녹말	산소
③	이산화 탄소	녹말	포도당	이산화 탄소
④	이산화 탄소	녹말	포도당	산소
⑤	이산화 탄소	포도당	녹말	산소

2 이에 대한 설명으로 옳지 <u>않은</u> 것은?

① 빛에너지는 엽록소에서 흡수한다.
② 물은 뿌리에서 흡수되어 물관을 통해 이동한다.
③ A는 잎의 기공을 통해 공기 중에서 흡수된다.
④ B는 물에 잘 녹지 않지만 C는 물에 잘 녹는다.
⑤ D는 식물에서 사용되거나 공기 중으로 방출된다.

[3~4] 숨을 불어넣어 파란색에서 노란색으로 변한 BTB 용액을 시험관 A~C에 넣어 그림과 같이 장치하고, 햇빛이 잘 비치는 곳에 둔 후 BTB 용액의 색깔 변화를 관찰하였다.

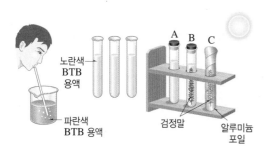

중요 3 시험관 A~C의 BTB 용액의 색깔 변화와 그 까닭을 옳게 짝 지은 것은?

① A – 파란색, 이산화 탄소가 공기 중으로 날아갔다.
② B – 노란색, 광합성이 일어나 산소가 소모되었다.
③ B – 파란색, 광합성이 일어나 이산화 탄소가 소모되었다.
④ C – 노란색, 광합성이 일어나 산소가 발생하였다.
⑤ C – 파란색, 광합성이 일어나 이산화 탄소가 발생하였다.

4 실험을 통해 알 수 있는 광합성에 필요한 요소를 모두 고르면?(2개)

① 빛   ② 산소   ③ 포도당
④ BTB 용액   ⑤ 이산화 탄소

중요 5 그림과 같이 햇빛이 잘 비치는 곳에 둔 검정말과 어둠상자에 둔 검정말을 각각 에탄올에 넣고 물중탕한 다음 잎을 떼어 아이오딘-아이오딘화 칼륨 용액을 떨어뜨리고 현미경으로 관찰하였다.

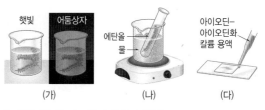

이에 대한 설명으로 옳지 <u>않은</u> 것은?

① (나)는 잎을 탈색하는 과정이다.
② 아이오딘-아이오딘화 칼륨 용액은 포도당을 검출하는 용액이다.
③ (다)에서 햇빛이 잘 비치는 곳에 둔 검정말 잎의 엽록체만 청람색으로 변한다.
④ 광합성에는 빛이 필요한 것을 알 수 있다.
⑤ 광합성 결과 녹말이 만들어지는 것을 알 수 있다.

6 오른쪽 그림과 같이 장치하여 햇빛이 잘 비치는 곳에 두면 고무관에 검정말의 광합성으로 발생한 기체가 모인다. 발생한 기체의 종류와 확인 방법을 옳게 짝 지은 것은?

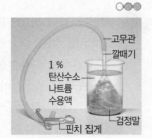

1% 탄산수소 나트륨 수용액
고무관
깔때기
핀치 집게
검정말

① 수소 – 맛을 본다.
② 수소 – 색깔을 확인한다.
③ 산소 – 불꽃을 대어 본다.
④ 산소 – 석회수에 통과시킨다.
⑤ 이산화 탄소 – 냄새를 맡아 본다.

중요 7 그림과 같이 시금치 잎 조각을 탄산수소 나트륨 수용액이 담긴 비커에 넣고 전등이 켜진 개수를 늘리면서 잎 조각이 모두 떠오르는 데 걸리는 시간을 측정하였다.

발광 다이오드 (LED) 전등
1% 탄산수소 나트륨 수용액
시금치 잎 조각

이에 대한 설명으로 옳지 않은 것은?

① 탄산수소 나트륨은 이산화 탄소를 공급한다.
② 잎 조각에서 산소가 발생하여 잎 조각이 떠오른다.
③ 빛의 세기와 광합성량의 관계를 알아보는 실험이다.
④ 전등이 켜진 개수가 늘어날수록 빛의 세기가 세진다.
⑤ 전등이 켜진 개수가 늘어날수록 잎 조각이 모두 떠오르는 데 걸리는 시간이 길어진다.

중요 8 식물의 광합성에 영향을 미치는 환경 요인과 광합성량의 관계를 옳게 나타낸 것을 모두 고르면?(2개)

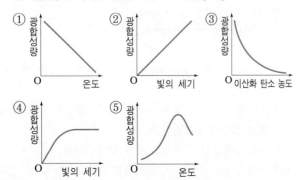

① 광합성량 / 온도
② 광합성량 / 빛의 세기
③ 광합성량 / 이산화 탄소 농도
④ 광합성량 / 빛의 세기
⑤ 광합성량 / 온도

중요 9 잎이 달린 나뭇가지와 잎을 모두 딴 나뭇가지를 같은 양의 물이 든 눈금실린더에 넣고 그림과 같이 장치한 다음 햇빛이 잘 비치는 곳에 두었다.

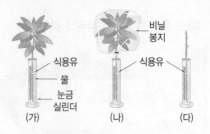

비닐 봉지
식용유
물
눈금 실린더
식용유
(가) (나) (다)

이에 대한 설명으로 옳은 것은?

① (가)의 물이 가장 많이 남는다.
② (나)의 물이 가장 많이 줄어든다.
③ (다)에서 증산 작용이 가장 활발하다.
④ 이 실험을 통해 잎에서 증산 작용이 일어남을 알 수 있다.
⑤ 식용유를 떨어뜨리는 까닭은 물을 증발시키기 위해서이다.

10 오른쪽 그림은 잎 뒷면의 표피를 벗겨 내어 현미경으로 관찰한 결과를 나타낸 것이다. 이에 대한 설명으로 옳지 않은 것은?

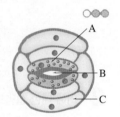

A
B
C

① A의 모양에 따라 B가 열리거나 닫힌다.
② A는 안쪽 세포벽이 바깥쪽 세포벽보다 두껍다.
③ B는 주로 밤에 열리고 낮에 닫힌다.
④ B는 산소와 이산화 탄소, 수증기 등과 같은 기체가 드나드는 통로이다.
⑤ C는 표피 세포로, 엽록체가 없어 광합성이 일어나지 않는다.

Step 2 자주 나오는 문제

11 광합성에 대한 설명으로 옳지 않은 것은?

① 엽록체에서 일어난다.
② 빛의 유무와 관계없이 항상 일어난다.
③ 엽록체 속의 엽록소에서 빛을 흡수한다.
④ 광합성이 일어나면 양분과 함께 산소가 발생한다.
⑤ 식물이 빛에너지를 이용하여 이산화 탄소와 물을 원료로 양분을 만드는 과정이다.

중요 12 그림과 같이 탄산수소 나트륨 수용액이 담긴 표본병에 검정말을 넣고 전등 빛을 점점 밝게 조절하면서 각 밝기마다 검정말에서 1분 동안 발생하는 기포 수를 세었다.

1 % 탄산수소 나트륨
수용액

LED 전등

검정말
자갈

이에 대한 설명으로 옳은 것은?

① 발생하는 기포는 이산화 탄소이다.
② 발생하는 기포 수는 광합성량을 뜻한다.
③ 온도는 일정하게 유지해 주지 않아도 된다.
④ 전등 빛이 밝아질수록 발생하는 기포 수가 줄어든다.
⑤ 이산화 탄소의 농도와 광합성량의 관계를 알아보는 실험이다.

13 증산 작용에 대한 설명으로 옳지 <u>않은</u> 것은?

① 기공이 열리는 낮에 활발하게 일어난다.
② 식물과 주변의 온도를 낮추는 역할을 한다.
③ 잎의 뒷면보다 앞면에서 더 활발하게 일어난다.
④ 뿌리에서 흡수한 물이 잎까지 이동하는 원동력이 된다.
⑤ 식물체 속의 물이 수증기로 변하여 잎의 기공을 통해 공기 중으로 빠져나가는 현상이다.

중요 14 그림은 잎의 뒷면 표피를 나타낸 것이다.

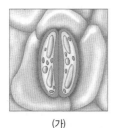 

(가)　　　　　　(나)

(가)에서 (나)로 바뀌는 상황으로 옳은 것을 보기에서 모두 고르시오.

• 보기 •
ㄱ. 습도가 낮을 때　　　ㄴ. 온도가 낮을 때
ㄷ. 바람이 잘 불 때　　　ㄹ. 햇빛이 강할 때

---

15 잎의 수가 다른 나뭇가지를 오른쪽 그림과 같이 장치하여 햇빛이 잘 비치는 곳에 두었다. 일정 시간 후 남아 있는 물의 양이 많은 것부터 순서대로 나열하시오.

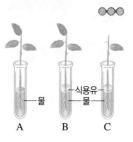

식용유
물

A　B　C

서술형 문제

16 그림과 같이 햇빛이 잘 비치는 곳에 두었던 검정말을 에탄올에 넣고 물중탕한 다음 잎을 떼어 아이오딘−아이오딘화 칼륨 용액을 떨어뜨리고 현미경으로 관찰하였다.

에탄올
물
아이오딘−
아이오딘화
칼륨 용액
검정말
(가)　　　　(나)　　　　(다)

(1) (다)의 결과 검정말 잎에서 색깔 변화가 나타난 부분과 일어난 색깔 변화를 순서대로 쓰시오.

_____

(2) (1)의 결과를 통해 알 수 있는 광합성이 일어나는 장소와 광합성 산물을 서술하시오.

_____
_____

17 오른쪽 그림은 광합성에 영향을 미치는 환경 요인과 광합성량의 관계를 나타낸 것이다.

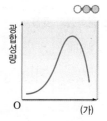

광합성량

O　　　　(가)

(1) (가)에 해당하는 환경 요인을 쓰시오.

_____

(2) (가)와 광합성량의 관계를 서술하시오.

_____
_____

02 식물의 호흡

Ⓐ 식물의 호흡

1 호흡 세포에서 양분을 분해하여 생명 활동에 필요한 에너지를 얻는 과정

포도당 + 산소 ⟶ 이산화 탄소 + 물 + 에너지

(1) 호흡이 일어나는 장소 : 식물체를 구성하는 모든 살아 있는 세포
(2) 호흡이 일어나는 시기 : 낮과 밤에 관계없이 항상 일어난다.
(3) 호흡에 필요한 물질과 호흡 결과 생성되는 요소

필요한 물질	생성되는 요소
• 포도당 : 광합성으로 만들어진 양분이다. • 산소 : 광합성으로 생성되거나 공기 중에서 흡수한다.	• 이산화 탄소 : 광합성에 이용되거나 공기 중으로 방출한다. • 에너지 : 싹을 틔우고, 꽃을 피우고, 열매를 맺는 등의 생명 활동에 이용한다.

탐구 | 식물의 호흡 확인

빈 페트병 A와 B 중 B에만 시금치를 넣고 밀봉하여 어두운 곳에 놓아두었다가 각 페트병 속의 공기를 석회수에 통과시킨다.

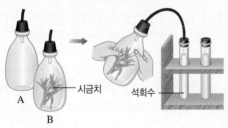

시금치   석회수

＋ **결과 및 정리**
❶ 페트병 B의 기체를 통과시킨 석회수만 뿌옇게 변한다. ➡ 시금치의 호흡으로 이산화 탄소가 방출되었기 때문
❷ 빛이 없을 때 식물은 호흡만 하며, 식물의 호흡 결과 이산화 탄소가 생성된다.

2 광합성과 호흡

구분	광합성	호흡
과정	이산화 탄소＋물 $\xrightleftharpoons[\text{호흡(에너지 생성)}]{\text{광합성(빛에너지 흡수)}}$ 포도당＋산소	
일어나는 장소	엽록체가 있는 세포	모든 살아 있는 세포
일어나는 시기	빛이 있을 때(낮)	항상
기체 출입	이산화 탄소 흡수, 산소 방출	산소 흡수, 이산화 탄소 방출
양분과 에너지	양분을 만들어 에너지 저장	양분을 분해하여 에너지 생성

3 식물의 기체 교환 낮과 밤에 반대로 나타난다.

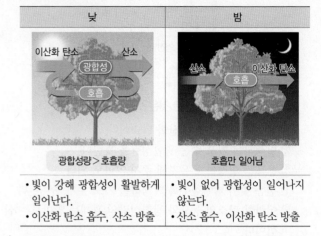

낮	밤
광합성량＞호흡량	호흡만 일어남
• 빛이 강해 광합성이 활발하게 일어난다. • 이산화 탄소 흡수, 산소 방출	• 빛이 없어 광합성이 일어나지 않는다. • 산소 흡수, 이산화 탄소 방출

탐구 | 광합성과 호흡의 관계

유리종 (가)에는 촛불만 넣고, 유리종 (나)에는 촛불과 함께 식물을 넣은 후 밀폐한다.

(가)   (나)

＋ **결과 및 정리**
❶ 빛을 비추어 주면 유리종 (가)보다 유리종 (나)에서 촛불이 더 오래 켜져 있다. ➡ 식물이 광합성을 하여(광합성량＞호흡량) 이산화 탄소를 흡수하고 산소를 방출하기 때문
❷ 빛을 비추어 주지 않으면 유리종 (가)보다 유리종 (나)에서 촛불이 더 빨리 꺼진다. ➡ 식물이 광합성을 하지 않고 호흡만 하여 산소를 흡수하고 이산화 탄소를 방출하기 때문

Ⓑ 광합성으로 만든 양분의 사용

1 양분의 생성과 이동

생성	엽록체에서 광합성으로 만들어진 포도당은 잎에서 사용되거나 일부가 녹말로 바뀌어 저장된다.
이동	물에 잘 녹지 않는 녹말은 주로 물에 잘 녹는 설탕으로 바뀌어 밤에 체관을 통해 각 기관으로 운반된다.

2 양분의 사용

(1) 호흡으로 생명 활동에 필요한 에너지를 얻는 데 사용된다.
(2) 식물의 몸을 구성하는 성분이 되어 식물이 생장하는 데 사용된다.
(3) 사용하고 남은 양분은 뿌리, 줄기, 열매, 씨 등에 다양한 물질로 바뀌어 저장된다.
　예 녹말(감자, 고구마), 포도당(양파, 포도), 단백질(콩), 지방(땅콩, 깨), 설탕(사탕수수)

정답과 해설 16쪽

1 다음은 식물의 호흡 과정을 식으로 나타낸 것이다. (   ) 안에 알맞은 말을 쓰시오.

> 포도당+(   ) ⟶ (   )+물+에너지

2 식물의 호흡에 대한 설명으로 옳은 것은 ○, 옳지 <u>않은</u> 것은 ×로 표시하시오.

(1) 낮과 밤에 관계없이 항상 일어난다. ············ (   )
(2) 모든 살아 있는 세포에서 일어난다. ··········· (   )
(3) 식물의 호흡에 필요한 포도당은 공기 중에서 흡수된다.
     ·· (   )

3 호흡 결과 발생한 (   )를 석회수에 통과시키면 석회수가 뿌옇게 변한다.

4 광합성은 양분을 만들어 에너지를 (저장, 생성)하는 과정이고, 호흡은 양분을 분해하여 에너지를 (저장, 생성)하는 과정이다.

5 광합성 과정에서는 (산소, 이산화 탄소)를 흡수하고, 호흡 과정에서는 (산소, 이산화 탄소)를 흡수한다.

6 빛이 강한 낮에 흡수되는 A는 (산소, 이산화 탄소)이고, 방출되는 B는 (산소, 이산화 탄소)이다.

7 빛이 강한 낮에는 광합성량이 호흡량보다 (많, 적)고, 빛이 없는 밤에는 (광합성, 호흡)만 일어난다.

8 광합성으로 만들어진 (   )은 곧 (   ) 형태로 바뀌어 엽록체에 저장되었다가 밤에 물에 잘 녹는 (   ) 형태로 바뀌어 체관을 통해 식물의 각 기관으로 운반된다.

9 광합성으로 만들어진 양분은 (   )을 통해 생명 활동에 필요한 에너지를 얻는 데 사용되거나, 식물의 몸을 구성하는 성분이 되어 식물이 (   )하는 데 사용된다.

10 (고구마, 포도, 사탕수수, 깨)는 양분을 녹말 형태로 저장하는 식물이다.

Ⓐ **1** 식물의 호흡 결과 생성되는 기체 ★★★

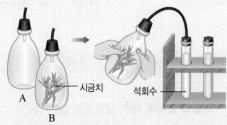

A
B
시금치
석회수

- 빛이 없는 곳에 페트병을 두면 시금치가 광합성을 하지 않고 호흡만 한다.
- 석회수는 이산화 탄소와 반응하여 뿌옇게 변한다.
- 페트병 B의 공기를 석회수에 통과시키면 석회수가 뿌옇게 변한다. ➡ 시금치의 호흡으로 이산화 탄소가 방출되었기 때문

2 낮과 밤의 기체 교환 비교 ★★★

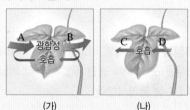

(가)   (나)

- 낮에는 광합성과 호흡이 모두 일어나고, 밤에는 호흡만 일어난다. ➡ 두 가지 작용이 모두 일어나는 (가)는 낮, 한 가지 작용만 일어나는 (나)는 밤이다.
- 낮에는 광합성량이 호흡량보다 많아 이산화 탄소를 흡수하고, 산소를 방출한다. ➡ A는 이산화 탄소, B는 산소이다.
- 호흡 과정에서는 산소를 흡수하고, 이산화 탄소를 방출한다. ➡ C는 이산화 탄소, D는 산소이다.

Ⓑ **3** 광합성으로 만든 양분의 이동과 사용 ★★★

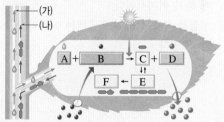

(가)
(나)

A : 물, B : 이산화 탄소, C : 포도당, D : 산소, E : 녹말, F : 설탕, (가) 물관, (나) 체관

생성	엽록체에서 광합성이 일어나 포도당(C)이 만들어지고, 포도당(C)은 곧 녹말(E)로 바뀌어 저장된다.
이동	녹말(E)은 주로 설탕(F)으로 바뀌어 밤에 체관(나)을 통해 식물의 각 기관으로 운반된다.
사용	• 호흡으로 에너지를 얻는 데 쓰이거나 식물 몸의 구성 성분이 되어 식물의 생장에 쓰인다. • 사용하고 남은 양분은 뿌리, 줄기, 열매, 씨 등에 다양한 물질로 바뀌어 저장된다.

1 식물의 호흡에 대한 설명으로 옳은 것은?

① 양분을 만드는 과정이다.
② 빛이 없을 때만 일어난다.
③ 엽록체가 있는 세포에서만 일어난다.
④ 광합성과 기체의 출입이 반대로 일어난다.
⑤ 이산화 탄소를 흡수하고, 산소를 방출한다.

중요 2 그림과 같이 2개의 비닐봉지 중 한 개에만 시금치를 넣고 어두운 곳에 하루 동안 두었다가 각 비닐봉지 안의 공기를 석회수에 통과시켰다.

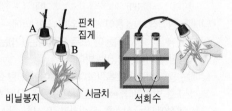

이에 대한 설명으로 옳은 것을 모두 고르면?(2개)

① A에서 산소가 발생한다.
② B에서 발생한 기체가 석회수를 뿌옇게 변하게 한다.
③ 석회수는 이산화 탄소와 반응하여 뿌옇게 변한다.
④ 비닐봉지를 어두운 곳에 두는 까닭은 광합성이 일어나게 하기 위해서이다.
⑤ 실험을 통해 식물의 호흡에는 이산화 탄소가 필요함을 알 수 있다.

중요 3 광합성과 호흡을 옳게 비교한 것은?

구분	광합성	호흡
① 시기	낮	밤
② 장소	모든 살아 있는 세포	엽록체가 있는 세포
③ 에너지	생성	저장
④ 필요한 물질	포도당, 산소	물, 이산화 탄소
⑤ 양분	합성	분해

4 오른쪽 그림과 같이 유리종 (가)에는 촛불만 넣고, 유리종 (나)에는 촛불과 식물을 함께 넣은 뒤 밀폐하여 어두운 곳에 두었더니 유리종 (가)보다 유리종 (나)에서 촛불이 더 빨리 꺼졌다. 이를 통해 알 수 있는 사실로 옳은 것은?

① 빛이 없을 때 식물은 호흡만 한다.
② 빛이 없을 때 식물은 광합성만 한다.
③ 빛이 없을 때 식물은 산소를 방출한다.
④ 이산화 탄소가 부족하면 촛불이 꺼진다.
⑤ 식물의 호흡 결과 물질을 태우는 성질이 있는 기체가 생성된다.

[5~6] 그림은 식물에서 낮과 밤에 일어나는 기체 교환을 나타낸 것이다.

낮   밤

중요 5 A~D에 해당하는 기체의 이름을 각각 쓰시오.

6 이에 대한 설명으로 옳지 않은 것은?

① C는 광합성에 이용되는 기체이다.
② D는 광합성으로 만들어지는 기체이다.
③ 낮에는 광합성량이 호흡량보다 많다.
④ 밤에는 빛에너지를 포도당에 저장하는 과정이 일어난다.
⑤ 식물의 호흡은 낮과 밤에 모두 일어난다.

난이도 ●●● 시험에 꼭 나오는 출제 가능성이 높은 예상 문제로 구성하고, 난이도를 표시하였습니다.

중요 **7** 광합성으로 만들어진 양분이 주로 이동하는 시기와 통로, 형태를 옳게 짝 지은 것은?

	시기	통로	형태
①	밤	체관	설탕
②	밤	체관	녹말
③	밤	물관	설탕
④	낮	체관	녹말
⑤	낮	물관	포도당

중요 **8** 광합성으로 만들어진 양분의 사용과 저장에 대한 설명으로 옳지 <u>않은</u> 것은?

① 식물의 생장에 사용된다.
② 식물의 구성 성분이 된다.
③ 사용하고 남은 양분은 모두 줄기에 저장된다.
④ 감자나 고구마는 양분을 녹말 형태로 저장한다.
⑤ 호흡에 의해 분해되어 에너지를 얻는 데 사용된다.

9 사과나무 줄기의 바깥쪽 껍질을 고리 모양으로 벗긴 후 한참 지나 사과를 관찰해 보면 그림과 같이 껍질을 벗겨낸 윗부분의 사과는 크게 자랐지만 아랫부분의 사과는 잘 자라지 못한 것을 볼 수 있다.

열매가 크게
자라지 못한다.

이러한 결과가 나타나는 까닭으로 옳은 것은?

① 물관이 제거되어 물이 이동하지 못해서
② 물관이 제거되어 양분이 윗부분에 쌓여서
③ 체관이 제거되어 광합성이 일어나지 않아서
④ 체관이 제거되어 양분이 아래로 이동하지 못해서
⑤ 물관과 체관이 모두 제거되어 양분과 물이 섞여서

10 다음은 식물의 호흡 과정을 식으로 나타낸 것이다.

> ㉠ + 산소 ⟶ ㉡ + 물 + 에너지

이에 대한 설명으로 옳은 것을 보기에서 모두 고른 것은?

• 보기 •
ㄱ. ㉠은 포도당, ㉡은 이산화 탄소이다.
ㄴ. ㉡은 모두 공기 중으로 방출된다.
ㄷ. 호흡을 통해 얻은 에너지는 생명 활동에 이용된다.

① ㄱ
② ㄴ
③ ㄱ, ㄷ
④ ㄴ, ㄷ
⑤ ㄱ, ㄴ, ㄷ

중요 **11** 초록색 BTB 용액을 4개의 시험관에 나누어 넣고, 시험관 A에는 입김을 불어넣어 노란색으로 만든 뒤 그림과 같이 장치하여 햇빛이 잘 드는 곳에 두었다.

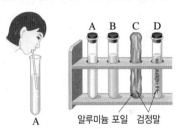

알루미늄 포일   검정말

이에 대한 설명으로 옳지 <u>않은</u> 것은?

① 시험관 B는 색깔이 변하지 않는다.
② 시험관 C에서는 호흡만 일어난다.
③ 시험관 C는 시험관 A와 같은 색깔로 변한다.
④ 시험관 D에서는 광합성만 일어난다.
⑤ 시험관 D에서는 이산화 탄소가 소모된다.

12 광합성과 호흡에 대한 설명으로 옳은 것은?

① 광합성과 호흡은 엽록체가 있는 세포에서만 일어난다.
② 광합성 결과 산소가 방출되고, 호흡 결과 이산화 탄소가 방출된다.
③ 광합성은 빛이 있을 때만 일어나고, 호흡은 빛이 없을 때만 일어난다.
④ 광합성은 양분을 분해하는 과정이고, 호흡은 양분을 합성하는 과정이다.
⑤ 광합성은 에너지를 생성하는 과정이고, 호흡은 에너지를 저장하는 과정이다.

13 식물은 빛이 강한 낮에도 호흡을 하지만 겉보기에는 이산화 탄소가 방출되지 않는 것처럼 보인다. 그 까닭을 옳게 설명한 것은?

① 낮에는 기공이 닫혀 있기 때문에
② 낮에는 호흡 시 산소가 발생하기 때문에
③ 낮에는 호흡량이 광합성량보다 많기 때문에
④ 낮에는 이산화 탄소가 필요하지 않기 때문에
⑤ 낮에는 호흡으로 발생하는 이산화 탄소가 모두 광합성에 쓰이기 때문에

Step 3 만점! 도전 문제

[14~15] 4개의 시험관에 초록색 BTB 용액을 넣고 그림과 같이 장치하여 햇빛이 잘 비치는 곳에 두었다.(단, 시험관 B와 C에는 검정말, D에는 물고기를 넣고, C만 알루미늄 포일로 감쌌다.)

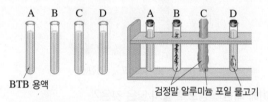

14 시간이 지남에 따라 BTB 용액의 색깔이 노란색으로 변하는 시험관을 모두 고른 것은?

① A, B   ② A, D   ③ B, D
④ C, D   ⑤ A, C, D

15 시험관 B와 C의 색깔 변화를 비교하여 알 수 있는 사실로 옳은 것은?

① 광합성에는 빛이 필요하다.
② 광합성에는 산소가 필요하다.
③ 식물의 호흡에는 산소가 필요하다.
④ 식물은 빛이 없을 때 이산화 탄소를 흡수한다.
⑤ 식물은 항상 호흡을 하므로 이산화 탄소를 계속 흡수한다.

16 표는 복숭아나무의 잎과 줄기에서 시간에 따라 녹말과 설탕을 검출한 결과를 나타낸 것이다.

시간	잎(녹말)	줄기(설탕)
오전 5시	−	−
오후 2시	++	+
오후 8시	+	++

(− : 없음, + : 적음, ++ : 많음)

이에 대한 설명으로 옳은 것을 보기에서 모두 고른 것은?

• 보기 •
ㄱ. 오전 5시에는 광합성만 일어난다.
ㄴ. 오후 2시에는 광합성이 활발하여 잎에 저장된 녹말이 많다.
ㄷ. 오후 8시에 줄기에 설탕이 늘어난 것으로 보아 양분은 주로 밤에 이동한다.

① ㄱ   ② ㄴ   ③ ㄱ, ㄴ
④ ㄴ, ㄷ   ⑤ ㄱ, ㄴ, ㄷ

서술형 문제

17 오른쪽 그림과 같이 2개의 비닐봉지 중 한 개에만 시금치를 넣고 어두운 곳에 하루 동안 두었다가 각 비닐봉지 속의 공기를 석회수에 통과시켰다.

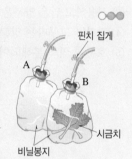

(1) 석회수를 뿌옇게 변하게 하는 비닐봉지의 기호를 쓰시오.

(2) (1)에서 석회수가 뿌옇게 변한 까닭을 식물의 작용과 발생한 기체를 포함하여 서술하시오.

18 햇빛이 강한 낮에 일어나는 식물의 기체 교환을 다음 단어를 모두 포함하여 서술하시오.

산소, 광합성량, 이산화 탄소, 호흡량

시험 하루 전!! 끝내주는~

내공 점검

1 다음은 물질을 이루는 기본 성분에 대한 학자들의 생각을 나타낸 것이다.

> (가) 물질은 4가지의 기본 성분으로 이루어져 있으며, 이들을 조합하면 여러 가지 물질을 만들 수 있다.
> (나) 물질의 근원은 물이다.
> (다) 원소는 물질을 이루는 기본 성분으로, 더 이상 분해되지 않는 단순한 물질이다.

(가)~(다)를 주장한 학자들을 옳게 짝 지은 것은?

	(가)	(나)	(다)
①	탈레스	아리스토텔레스	보일
②	탈레스	보일	아리스토텔레스
③	아리스토텔레스	탈레스	보일
④	아리스토텔레스	보일	탈레스
⑤	보일	탈레스	아리스토텔레스

2 그림과 같이 뜨거운 주철관에 물을 부었더니 주철관 안이 녹슬어 질량이 증가하였고, 집기병에는 수소가 모아졌다.

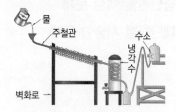

이 실험 결과를 통해 알 수 있는 사실은?

① 물은 물질을 이루는 기본 성분이다.
② 원소는 다른 물질로 분해될 수 있다.
③ 원소는 다른 종류의 원소로 바뀔 수 있다.
④ 물은 수소와 산소로 분해되므로 원소가 아니다.
⑤ 만물은 물, 불, 흙, 공기의 4가지 기본 성분으로 되어 있다.

3 원소에 대한 설명으로 옳은 것을 모두 고르면?(2개)

① 원소는 물질을 이루는 기본 성분이다.
② 원소는 모두 자연에서 발견된 것이다.
③ 원소는 더 이상 분해되지 않는 물질이다.
④ 물질의 종류보다 더 많은 원소가 존재한다.
⑤ 현재까지 알려진 원소의 종류는 90여 가지이다.

4 오른쪽 그림과 같이 수산화 나트륨을 조금 녹인 물을 전기 분해 장치에 넣고 전류를 흘려 주었다. 이에 대한 설명으로 옳은 것을 보기에서 모두 고른 것은?

> • 보기 •
> ㄱ. 모인 기체의 양이 더 많은 쪽에 성냥불을 갖다 대면 '퍽' 소리를 내며 탄다.
> ㄴ. 모인 기체의 양이 더 적은 쪽에 불씨만 남은 향불을 갖다 대면 다시 타오른다.
> ㄷ. 수산화 나트륨을 녹인 물은 전류가 잘 흐른다.

① ㄷ
② ㄱ, ㄴ
③ ㄱ, ㄷ
④ ㄴ, ㄷ
⑤ ㄱ, ㄴ, ㄷ

5 더 이상 분해되지 않으면서 물질을 이루는 기본 성분을 보기에서 모두 고른 것은?

> • 보기 •
> ㄱ. 물   ㄴ. 산소   ㄷ. 나트륨
> ㄹ. 공기   ㅁ. 금   ㅂ. 수소

① ㄱ, ㄴ, ㄷ, ㄹ
② ㄱ, ㄹ, ㅁ, ㅂ
③ ㄴ, ㄷ, ㄹ, ㅁ
④ ㄴ, ㄷ, ㅁ, ㅂ
⑤ ㄷ, ㄹ, ㅁ, ㅂ

6 원소와 원소의 이용 예를 잘못 짝 지은 것은?

① 금 – 장신구의 재료로 이용된다.
② 수소 – 우주 왕복선의 연료로 이용된다.
③ 헬륨 – 비행선의 충전 기체로 이용된다.
④ 질소 – 생물의 호흡과 물질의 연소에 이용된다.
⑤ 철 – 건물이나 다리의 철근, 기계 등에 이용된다.

7 불꽃 반응 실험에 대한 설명으로 옳은 것을 보기에서 모두 고른 것은?

• 보기 •
ㄱ. 실험 방법이 복잡하다.
ㄴ. 물질에 포함된 모든 원소를 구별할 수 있다.
ㄷ. 물질의 양이 적어도 불꽃 반응 색을 확인할 수 있다.
ㄹ. 같은 금속 원소를 포함한 물질은 불꽃 반응 색이 같다.

① ㄱ, ㄴ   ② ㄴ, ㄷ   ③ ㄷ, ㄹ
④ ㄱ, ㄴ, ㄷ   ⑤ ㄴ, ㄷ, ㄹ

8 불꽃놀이를 할 때 보라색과 주황색의 불꽃 반응 색이 나타났다. 이 불꽃 화약 속에 포함되어 있는 금속 원소를 옳게 짝 지은 것은?

① 칼륨, 칼슘   ② 칼륨, 구리
③ 구리, 칼슘   ④ 구리, 나트륨
⑤ 바륨, 나트륨

9 물질과 그 물질이 나타내는 불꽃 반응 색을 잘못 짝 지은 것은?

① 질산 바륨 – 보라색   ② 염화 리튬 – 빨간색
③ 염화 나트륨 – 노란색   ④ 질산 구리(Ⅱ) – 청록색
⑤ 염화 스트론튬 – 빨간색

10 염화 칼슘의 불꽃 반응 색이 칼슘에 의해 나타난다는 것을 확인하려면 다음 중 어떤 물질들의 불꽃 반응 색을 조사해야 하는가?

① 염화 칼륨과 암모니아
② 황산 칼슘과 황산 나트륨
③ 염화 나트륨과 질산 칼슘
④ 황산 나트륨과 질산 나트륨
⑤ 염화 구리(Ⅱ)와 질산 나트륨

11 불꽃 반응으로 구별할 수 없어 스펙트럼을 관찰해야 하는 물질들끼리 옳게 짝 지은 것은?

① 염화 리튬, 질산 칼슘
② 염화 나트륨, 염화 칼륨
③ 염화 구리(Ⅱ), 질산 칼슘
④ 염화 스트론튬, 질산 리튬
⑤ 질산 스트론튬, 질산 나트륨

12 그림은 원소 A와 B의 선 스펙트럼과 물질 (가)~(라)의 선 스펙트럼을 나타낸 것이다.

이에 대한 설명으로 옳은 것은?

① (가)는 원소 A만 포함하고 있다.
② (나)는 원소 B만 포함하고 있다.
③ (다)는 원소 A만 포함하고 있다.
④ (라)는 원소 B만 포함하고 있다.
⑤ (나), (라)는 원소 A와 B를 모두 포함하지 않는다.

13 표는 네 가지 원소의 불꽃 반응 색과 선 스펙트럼을 나타낸 것이다

원소	불꽃 반응 색	선 스펙트럼
A	노란색	
B	주황색	
C	빨간색	
D	빨간색	

이 표를 옳게 해석한 것을 보기에서 모두 고르시오.

• 보기 •
ㄱ. 불꽃 반응 색이 같으면 같은 원소이다.
ㄴ. A, B, C, D는 모두 다른 원소이다.
ㄷ. 선 스펙트럼을 이용하면 불꽃 반응 색이 비슷한 원소를 구별할 수 있다.

1 원자에 대한 설명으로 옳은 것은?

① 원자는(−)전하를 띤다.
② 원자의 대부분은 빈 공간이다.
③ 전자의 질량이 원자 질량의 대부분을 차지한다.
④ 원자핵은 전자 주위를 움직이고 있다.
⑤ 원자는 물질을 이루는 기본 성분이다.

2 오른쪽 그림은 어떤 원자의 구조를 모형으로 나타낸 것이다. 이에 대한 설명으로 옳은 것을 보기에서 모두 고른 것은?

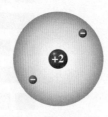

• 보기 •
ㄱ. 전기적으로 중성이다.
ㄴ. 원자핵 주위를 전자 2개가 움직이고 있다.
ㄷ. 원자핵의 (+)전하량이 전자의 총 (−)전하량보다 많다.

① ㄱ
② ㄱ, ㄴ
③ ㄱ, ㄷ
④ ㄴ, ㄷ
⑤ ㄱ, ㄴ, ㄷ

3 표는 몇 가지 원자가 가지고 있는 원자핵의 전하량과 전자 수를 나타낸 것이다.

구분	리튬	산소	플루오린
원자핵의 전하량	(가)	+8	(다)
전자 수(개)	3	(나)	9

(가)~(다)에 들어갈 원자핵의 전하량이나 전자 수를 옳게 짝 지은 것은?

	(가)	(나)	(다)
①	+2	6	+9
②	+2	8	+9
③	+3	6	+8
④	+3	8	+9
⑤	+3	10	+10

4 분자에 대한 설명으로 옳은 것을 모두 고르면?(2개)

① 원자가 전자를 잃거나 얻어서 생성된다.
② 원자로 나누어져도 물질의 성질이 유지된다.
③ 결합하는 원자의 종류와 수에 따라 분자의 종류가 달라진다.
④ 독립된 입자로 존재하여 물질의 성질을 나타내는 가장 작은 입자이다.
⑤ 분자의 중심에는 원자핵이 있고, 그 주위를 전자들이 움직이고 있다.

5 다음은 여러 가지 분자를 모형으로 나타낸 것이다.

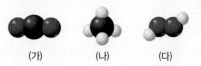

(가)   (나)   (다)

이에 대한 설명으로 옳지 않은 것은?(단, ●은 산소 원자, ●은 탄소 원자, ○은 수소 원자이다.)

① (가)는 탄소 원자 1개와 산소 원자 2개로 이루어져 있다.
② (나)는 탄소 원자 1개와 수소 원자 4개로 이루어져 있다.
③ (다)는 산소 원자 2개와 수소 원자 2개로 이루어져 있다.
④ (가), (나), (다)는 모두 두 종류의 원자로 이루어져 있다.
⑤ 분자를 이루는 원자의 개수는 (다)가 가장 많다.

6 다음은 물질을 이루는 입자나 성분에 대한 설명이다.

(가) 물질을 이루는 기본 성분이다.
(나) 물질을 이루는 기본 입자이다.
(다) 물질의 성질을 나타내는 가장 작은 입자이다.

(가)~(다)를 옳게 짝 지은 것은?

	(가)	(나)	(다)
①	원자	원소	분자
②	원자	분자	원소
③	원소	원자	분자
④	원소	분자	원자
⑤	분자	원소	원자

7 원소 기호에 대한 설명으로 옳지 <u>않은</u> 것은?

① 연금술사는 원소 기호를 그림으로 나타내었고, 돌턴은 원과 기호로 나타내었다.
② 현대의 원소 기호는 베르셀리우스가 제안한 것이다.
③ 원소 기호는 항상 두 글자로 나타내야 한다.
④ 원소 기호의 첫 글자는 반드시 대문자로 나타내야 한다.
⑤ 원소 기호를 사용하면 복잡한 이름을 가진 원소도 간단히 나타낼 수 있다.

8 원소 이름과 원소 기호를 <u>잘못</u> 짝 지은 것은?

① 칼륨 – K   ② 탄소 – Cu   ③ 리튬 – Li
④ 헬륨 – He   ⑤ 플루오린 – F

9 다음은 원소 기호의 변천 과정을 나타낸 것이다.

원소	철	구리	황
연금술사	♂	♀	 △
돌턴	Ⓘ	Ⓒ	⊕
베르셀리우스	(가)	(나)	(다)

(가)~(다)에 들어갈 원소 기호를 순서대로 옳게 나타낸 것은?

① Fe, Ca, S   ② Fe, Cu, S
③ Mg, Ca, S   ④ Fe, C, Si
⑤ Mg, Cu, Si

10 분자식으로 알 수 있는 사실이 <u>아닌</u> 것은?

① 분자의 종류
② 분자의 개수
③ 원자의 총개수
④ 분자를 이루는 원자의 배열
⑤ 분자를 이루는 원자의 종류와 개수

11 오른쪽 분자식에 대한 설명으로 옳지 <u>않은</u> 것은?

$$3H_2O$$

① 물의 분자식이다.
② 분자의 총개수는 3개이다.
③ 원자의 총개수는 9개이다.
④ 분자를 이루는 원자의 종류는 3가지이다.
⑤ 물 분자 1개는 수소 원자 2개와 산소 원자 1개로 이루어져 있다.

12 오른쪽 그림은 수소 분자를 모형으로 나타낸 것이다. 이 모형을 분자식으로 옳게 나타낸 것은?

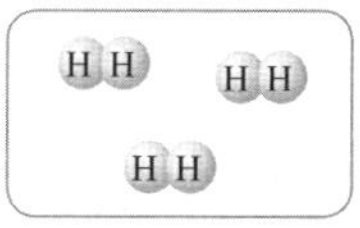

① 6H   ② H_6 ③ $3H_2$
④ $2H_3$ ⑤ $H_2H_2H_2$

13 그림은 두 가지 물질을 모형으로 나타낸 것이다.

(가)   (나)

모형 (가)와 (나)에 해당하는 분자식을 옳게 짝 지은 것은?

	(가)	(나)
①	H_2O	CO_2
②	H_2O	H_2O_2
③	HCl	H_2O_2
④	NH_3	Cu
⑤	CO_2	CH_4

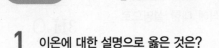
1 이온에 대한 설명으로 옳은 것은?

① 원자가 전자를 얻으면 양이온이 된다.

② 원자가 전자를 잃으면 음이온이 된다.

③ 음이온의 이름은 원소 이름 뒤에 '이온'을 붙여 부른다.

④ 원자가 전자를 얻으면 원자핵의 전하량이 줄어 음이온이 된다.

⑤ 원소 기호 오른쪽 위의 +, − 표시는 이온이 띠는 전하의 종류를 나타낸다.

[2~3] 그림은 염소 원자가 이온이 되는 과정을 모형으로 나타낸 것이다.

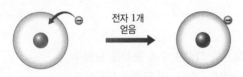

2 이 과정으로 형성되는 이온의 이온식과 이름을 옳게 짝 지은 것을 보기에서 고르시오.

• 보기 •
ㄱ. Cl^+, 염소 이온　　ㄴ. Cl^-, 염화 이온
ㄷ. Cl^+, 염화 이온　　ㄹ. Cl^-, 염소화 이온

3 이 과정으로 염소 원자가 이온이 되었을 때 (가) 원자핵의 (+)전하량과 (나) 전자의 개수 변화로 옳은 것은?

	(가)	(나)		(가)	(나)
①	일정	증가	②	일정	감소
③	증가	증가	④	감소	감소
⑤	감소	증가			

4 원자가 전자를 가장 많이 얻어 형성된 이온은?

① H^+　　② F^-　　③ S^{2-}

④ Cl^-　　⑤ Al^{3+}

5 그림은 산소 원자가 이온이 되는 과정을 모형으로 나타낸 것이다.

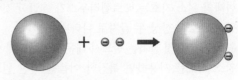

이에 대한 설명으로 옳은 것은?

① 이온은 전기적으로 중성이다.

② 이온의 이름은 산소 이온이다.

③ 이 과정에서 (+)전하량이 감소하였다.

④ 이 과정에서 (+)전하량이 증가하였다.

⑤ 산소 원자가 전자 2개를 얻어 이온이 형성된다.

6 그림은 원자 A와 B의 이온 형성 과정을 나타낸 것이다.

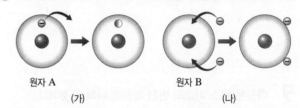

원자 A　(가)　　　　원자 B　(나)

(가)와 (나)에서 형성된 이온의 이온식을 옳게 짝 지은 것은?

	(가)	(나)		(가)	(나)
①	A^+	B^-	②	A^+	B^{2-}
③	A^{2+}	B^{2-}	④	A^-	B^+
⑤	A^{2-}	B^{2+}			

7 그림은 몇 가지 물질의 모형을 나타낸 것이다.

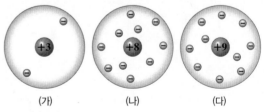

(가)　　　(나)　　　(다)

이에 대한 설명으로 옳은 것은?

① (가)는 원자이다.

② (나)는 음이온이다.

③ (다)는 전기적으로 중성이다.

④ (가)는 전자 1개를 얻어 형성된다.

⑤ (나)와 (다)는 전자를 잃어 형성된다.

8 그림과 같이 질산 칼륨 수용액을 적신 거름종이에 보라색의 과망가니즈산 칼륨 수용액과 파란색의 황산 구리(Ⅱ) 수용액을 한 방울씩 떨어뜨린 다음 전원을 연결하였더니 보라색은 (+)극, 파란색은 (−)극으로 이동하였다.

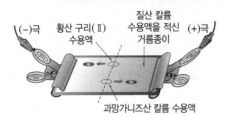

이에 대한 설명으로 옳지 않은 것은?

① 구리 이온의 색깔은 파란색이다.
② 칼륨 이온은 (−)극으로 이동한다.
③ (+)극으로 이동하는 이온은 2가지이다.
④ 질산 칼륨은 전류가 잘 흐르게 하는 역할을 한다.
⑤ 과망가니즈산 칼륨의 보라색 성분은 음이온이다.

9 염화 구리(Ⅱ)를 물에 녹인 후 전원을 연결했을 때 (+)극과 (−)극으로 이동하는 이온을 옳게 짝 지은 것은?

	(+)극	(−)극		(+)극	(−)극
①	Cu^+	Cl^-	②	Cu^{2+}	Cl^-
③	Cl^-	Cu^{2+}	④	Cl^{2-}	Cu^{2+}
⑤	Cl^-	Cu^+			

10 염화 칼슘 수용액과 탄산 나트륨 수용액을 섞었더니 흰색 앙금이 생성되었다. 앙금이 생성되는 반응을 옳게 나타낸 것은?

① $Na^+ + Cl^- \longrightarrow NaCl \downarrow$
② $Na^{2+} + 2Cl^- \longrightarrow NaCl_2 \downarrow$
③ $Ca^{2+} + 2Cl^- \longrightarrow CaCl_2 \downarrow$
④ $Ca^{2+} + CO_3^{2-} \longrightarrow CaCO_3 \downarrow$
⑤ $2Na^+ + CO_3^{2-} \longrightarrow Na_2CO_3 \downarrow$

11 두 가지 수용액을 서로 섞었을 때 앙금 생성 여부를 나타낸 것으로 옳지 않은 것은?

	수용액	앙금 생성 여부
①	염화 나트륨＋질산 은	흰색 앙금 생성
②	염화 칼륨＋수산화 나트륨	흰색 앙금 생성
③	염화 나트륨＋황산 구리(Ⅱ)	반응 없음
④	염화 바륨＋황산 구리(Ⅱ)	흰색 앙금 생성
⑤	염화 칼륨＋질산 나트륨	반응 없음

12 다음은 어떤 고체 물질에 대한 실험 결과를 정리한 것이다.

> • 수용액에 염화 바륨 수용액을 넣으면 흰색 앙금이 생긴다.
> • 수용액은 노란색의 불꽃 반응 색을 나타낸다.

실험에 사용한 물질로 예상되는 것은?

① 황산 나트륨　　　② 염화 나트륨
③ 황산 칼륨　　　　④ 아이오딘화 나트륨
⑤ 질산 은

13 그림은 염화 나트륨(NaCl), 염화 칼슘($CaCl_2$), 질산 칼륨(KNO_3) 수용액을 구별하기 위한 실험 과정을 나타낸 것이다.

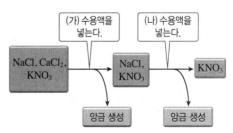

(가)와 (나)에 알맞은 물질을 옳게 짝 지은 것은?

	(가)	(나)
①	염화 수소	황산 칼륨
②	염화 수소	질산 은
③	탄산 나트륨	황산 칼륨
④	탄산 나트륨	질산 은
⑤	염화 나트륨	황산 칼륨

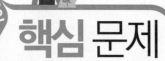
1 오른쪽 그림은 원자의 구조를 나타낸 것이다. 이에 대한 설명으로 옳지 <u>않은</u> 것은?

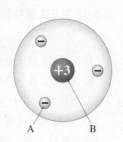

① A는 전자로, (−)전하를 띤다.
② B는 원자핵으로, (+)전하를 띤다.
③ A보다 B가 더 무겁다.
④ B는 자유롭게 이동할 수 있다.
⑤ 이 원자는 전기적으로 중성이다.

2 플라스틱 자와 털가죽을 마찰하였더니, 플라스틱 자가 (−)전하로 대전되었다. 이에 대한 설명으로 옳은 것은?

① 마찰 후 털가죽도 (−)전하로 대전된다.
② 전자가 털가죽에서 플라스틱 자로 이동한다.
③ 마찰 후 두 물체 사이에는 밀어내는 힘이 작용한다.
④ 마찰 후 털가죽에는 (+)전하만 남아 있다.
⑤ 플라스틱 자 내부에서 (−)전하가 생긴다.

3 그림은 두 물체 A와 B를 서로 마찰할 때 전하의 분포를 나타낸 것이다.

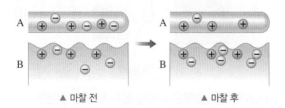

▲ 마찰 전   ▲ 마찰 후

이에 대한 설명으로 옳은 것을 모두 고르면?(2개)

① 물체 A는 전자를 얻는다.
② 전자는 물체 A에서 B로 이동한다.
③ (+)전하는 물체 B에서 A로 이동한다.
④ 마찰 후 물체 B는 (+)전하로 대전된다.
⑤ 마찰 후 물체 A와 B 사이에는 인력이 작용한다.

4 그림 (가)는 대전된 금속 구 A~D를 매달았을 때 금속 구 사이에 전기력이 작용한 모습이고, 그림 (나)는 금속 구 D에 (+)대전체를 가까이 한 모습이다.

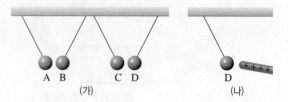

A~D가 띠고 있는 전하를 옳게 짝 지은 것은?

	A	B	C	D
①	(+)	(+)	(−)	(−)
②	(+)	(−)	(+)	(−)
③	(+)	(−)	(−)	(+)
④	(−)	(+)	(+)	(−)
⑤	(−)	(+)	(−)	(+)

5 오른쪽 그림과 같이 플라스틱 빨대 A, B를 각각 털가죽으로 문지른 후 가까이 하였다. 이에 대한 설명으로 옳지 <u>않은</u> 것은?

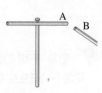

① 빨대 A와 B는 같은 종류의 전하를 띤다.
② 빨대 A와 B 사이에는 척력이 작용한다.
③ 빨대 A에 털가죽을 가까이 하면 A는 밀려난다.
④ 빨대 A와 B는 모두 마찰 전기에 의해 대전되었다.
⑤ 물체 사이에 작용하는 전기력을 확인하는 실험이다.

6 오른쪽 그림과 같이 대전되지 <u>않은</u> 금속 막대에 (+)대전체를 가까이 하였다. 이에 대한 설명으로 옳지 <u>않은</u> 것은?

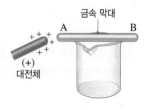

① A는 (−)전하로 대전된다.
② B는 (+)전하로 대전된다.
③ B에 있던 전자가 A로 이동한다.
④ A에 있던 (+)전하가 B로 이동한다.
⑤ 대전체와 금속 막대 사이에는 인력이 작용한다.

7 오른쪽 그림과 같이 접촉되어 있는 두 금속 구의 A에 (+)대전체를 접촉하였다. 대전체를 멀리 치우는 동시에 두 금속 구를 떼어 놓을 때, 두 금속 구의 대전 상태로 옳은 것은?

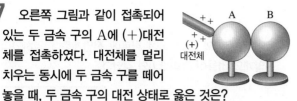

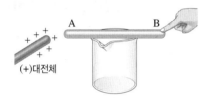

8 그림과 같이 대전되지 <u>않은</u> 금속 막대의 A 부분에 (+)대전체를 가까이 한 상태에서 금속 막대의 B 부분에 손가락을 접촉하였다.

이에 대한 설명으로 옳은 것을 보기에서 모두 고르시오.

• 보기 •
ㄱ. 전자가 A에서 B로 이동한다.
ㄴ. B의 원자핵이 손가락으로 빠져나간다.
ㄷ. 손가락의 전자가 금속 막대로 이동한다.
ㄹ. 대전체와 손가락을 동시에 치우면 금속 막대는 (−)전하로 대전된다.

9 그림과 같이 대전되지 <u>않은</u> 알루미늄 캔에 (−)대전체를 가까이 하였다.

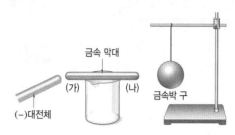

알루미늄 캔 내부의 전자의 이동 방향과 알루미늄 캔이 움직이는 방향을 순서대로 짝 지은 것은?

① A → B, 오른쪽   ② A → B, 왼쪽
③ B → A, 오른쪽   ④ B → A, 왼쪽
⑤ B → A, 움직이지 않는다.

10 그림과 같이 대전되지 않은 금속 막대 한쪽 가까이에 대전된 금속박 구를 매달고 다른 쪽 끝부분에 (−)대전체를 가까이 하였다.

이때 금속박 구가 오른쪽으로 움직였다면 이에 대한 설명으로 옳은 것을 보기에서 모두 고른 것은?

• 보기 •
ㄱ. 금속 막대 내부의 전자들은 (가) → (나)로 이동한다.
ㄴ. 금속박 구는 (−)로 대전되어 있었다.
ㄷ. (가) 부분과 금속박 구는 같은 종류의 전하를 띤다.

① ㄱ   ② ㄴ   ③ ㄷ
④ ㄱ, ㄴ   ⑤ ㄱ, ㄷ

11 오른쪽 그림과 같이 대전되지 <u>않은</u> 검전기의 금속판에 (−)대전체를 가까이 하였다. 이에 대한 설명으로 옳지 <u>않은</u> 것은?

① 금속판은 (+)전하를 띤다.
② 금속박은 (−)전하를 띤다.
③ 전자가 금속판에서 금속박으로 이동한다.
④ (−)대전체를 멀리 치워도 금속박은 벌어진 상태를 유지한다.
⑤ 이 실험을 통해 정전기 유도 현상을 알아볼 수 있다.

12 털가죽으로 마찰하여 전자를 얻은 유리 막대를 그림과 같이 금속 막대에 가까이 하였더니, 검전기의 금속박이 벌어졌다.

A, B, C, D에 유도되는 전하를 옳게 짝 지은 것은?

	A	B	C	D
①	(+)전하	(−)전하	(+)전하	(−)전하
②	(+)전하	(−)전하	(−)전하	(−)전하
③	(+)전하	(+)전하	(−)전하	(−)전하
④	(−)전하	(−)전하	(+)전하	(−)전하
⑤	(−)전하	(+)전하	(−)전하	(+)전하

1 오른쪽 그림과 같은 전기 회로에서 A, B 방향으로 이동하는 것을 옳게 짝 지은 것은?

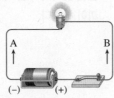

	A	B
①	전자	원자핵
②	전자	전류
③	전류	원자핵
④	전류	전자
⑤	원자핵	전자

2 그림은 도선 내부에서 전자의 이동을 나타낸 것이다.

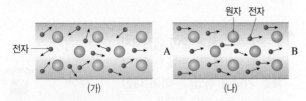

이에 대한 설명으로 옳지 않은 것은?

① (가)는 전류가 흐르지 않는 상태이다.
② (가)에서 전자는 무질서하게 이동한다.
③ (나)에서 A는 전지의 (+)극 쪽이다.
④ (나)에서 전류는 B에서 A로 흐른다.
⑤ 전류의 방향과 전자의 이동 방향은 반대이다.

3 전기 회로에 전류계를 연결하였더니, 오른쪽 그림과 같이 눈금이 반대 방향으로 회전하였다. 이와 같은 현상이 나타난 까닭으로 옳은 것은?

① 전류계가 회로에 병렬로 연결되었기 때문에
② 전류계를 저항이나 전구 없이 전지에 직접 연결하였기 때문에
③ (+)단자가 전지의 (+)극 쪽에 연결되었기 때문에
④ (−)단자가 전지의 (+)극 쪽에 연결되었기 때문에
⑤ 전류의 세기가 전류계의 (−)단자에 표시된 최댓값보다 크기 때문에

4 그림 (가)와 같이 어떤 회로에 전압계를 연결하였더니, 전압계의 바늘이 그림 (나)와 같았다.

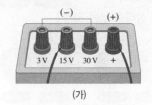 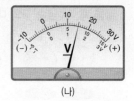

이 회로에 걸리는 전압은?

① 1.5 V ② 3 V ③ 7.5 V
④ 15 V ⑤ 30 V

5 어떤 저항에 10 V의 전압을 걸어 주었더니 100 mA의 전류가 흘렀다. 이 저항에 500 mA의 전류를 흐르게 하기 위해 걸어 주어야 하는 전압은 몇 V인지 구하시오.

6 표는 전기 회로 (가), (나)의 전압, 전류, 저항을 나타낸 것이다.

전기 회로	전압	전류	저항
(가)	100 V	20 A	㉠
(나)	100 V	㉡	25 Ω

㉠, ㉡에 알맞은 값을 옳게 짝 지은 것은?

	㉠	㉡
①	0.2 Ω	2.5 A
②	0.2 Ω	4 A
③	5 Ω	2.5 A
④	5 Ω	4 A
⑤	200 Ω	100 A

7 오른쪽 그래프는 어떤 저항에 걸리는 전압과 전류의 관계를 나타낸 것이다. 이 저항의 크기는 몇 Ω인지 구하시오.

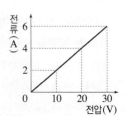

8 오른쪽 그래프는 재질과 단면적이 같은 세 도선 A, B, C에 걸리는 전압과 전류의 관계를 나타낸 것이다. A, B, C의 길이를 옳게 비교한 것은?

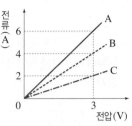

① A>B>C   ② A>C>B   ③ B>A>C
④ C>A>B   ⑤ C>B>A

[9~10] 전압에 따른 전류의 세기가 그래프 (가)와 같은 두 니크롬선 A, B를 그림 (나)와 같이 병렬연결하고 12 V의 전압을 걸어 주었다.

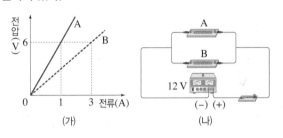

(가)   (나)

9 니크롬선 A의 저항은?

① 1 Ω   ② 2 Ω   ③ 3 Ω
④ 6 Ω   ⑤ 12 Ω

10 그림 (나)에서 니크롬선 B에 흐르는 전류의 세기는?

① 2 A   ② 3 A   ③ 6 A
④ 12 A   ⑤ 15 A

11 오른쪽 그림과 같이 10 Ω과 20 Ω인 두 저항을 직렬로 연결한 전기 회로에 15 V의 전압을 걸어 주었다. 회로의 전체 전류의 세기가 0.5 A일 때 (가) 전체 저항의 크기와 (나) 20 Ω인 저항에 걸리는 전압을 옳게 짝 지은 것은?

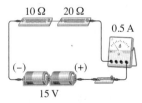

	(가)	(나)
①	10 Ω	5 V
②	15 Ω	10 V
③	15 Ω	15 V
④	30 Ω	10 V
⑤	30 Ω	15 V

12 저항의 병렬연결에 대한 설명으로 옳은 것을 보기에서 모두 고른 것은?

• 보기 •
ㄱ. 각 저항에 걸리는 전압은 전체 전압과 같다.
ㄴ. 각 저항에 흐르는 전류의 세기는 모두 같다.
ㄷ. 연결하는 저항의 수가 많을수록 전체 저항은 작아진다.
ㄹ. 가정에서 사용하는 전기 기구들은 병렬연결되어 있다.

① ㄱ, ㄴ   ② ㄴ, ㄹ   ③ ㄷ, ㄹ
④ ㄱ, ㄴ, ㄹ   ⑤ ㄱ, ㄷ, ㄹ

13 오른쪽 그림은 20 Ω과 30 Ω인 저항을 6 V의 전원에 병렬연결한 회로를 나타낸 것이다. 전류계의 눈금이 0.5 A일 때, 이에 대한 설명으로 옳지 <u>않은</u> 것은?

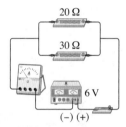

① 전체 저항은 12 Ω이다.
② 20 Ω인 저항에 흐르는 전류의 세기가 30 Ω인 저항에 흐르는 전류의 세기보다 세다.
③ 두 저항에 흐르는 전류의 비는 저항의 비와 같다.
④ 20 Ω과 30 Ω에 걸리는 전압의 비는 1 : 1이다.
⑤ 30 Ω에 흐르는 전류의 세기는 0.2 A이다.

14 그림과 같이 1.5 V 전지에 동일한 전구 A~E를 여러 가지 방법으로 연결하였다.

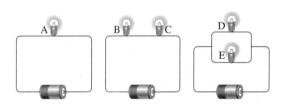

전구 A와 밝기가 같은 것을 모두 골라 짝 지은 것은?

① D   ② E   ③ B, C
④ D, E   ⑤ 없다.

15 전기 회로에 병렬로 연결하여 사용하는 예가 <u>아닌</u> 것을 모두 고르면?(2개)

① 퓨즈   ② 멀티탭   ③ 가로등
④ 장식용 전구   ⑤ 선풍기와 세탁기

1 자기장과 자기력선에 대한 설명으로 옳은 것을 보기에서 모두 고른 것은?

• 보기 •
ㄱ. 자기장은 자석의 주위에만 생긴다.
ㄴ. 자기력선의 간격은 항상 일정하다.
ㄷ. 도선의 주위에는 항상 자기장이 생긴다.
ㄹ. 어떤 지점에서 자기장의 방향은 나침반 자침의 N극이 가리키는 방향과 같다.

① ㄱ   ② ㄷ   ③ ㄹ
④ ㄱ, ㄴ   ⑤ ㄷ, ㄹ

2 그림은 두 막대자석 사이의 자기력선을 나타낸 것이다.

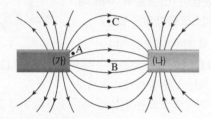

이에 대한 설명으로 옳은 것은?

① (가)는 S극이다.
② (가)와 (나) 사이에는 척력이 작용한다.
③ B점에 나침반을 놓으면 자침의 N극은 (가)를 향한다.
④ C점보다 A점에서 자기장이 더 세다.
⑤ (가)와 (나) 사이의 간격이 멀수록 B점 주위의 자기력선은 촘촘해진다.

3 그림과 같이 전류가 흐르는 직선 도선의 위아래에 나침반을 올려놓았을 때, 나침반의 자침이 가리키는 방향으로 옳은 것은?(단, 지구 자기장은 무시한다.)

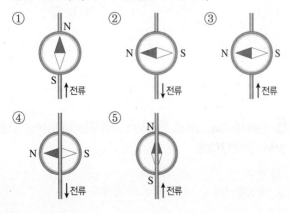

4 원형 도선에 화살표 방향으로 전류가 흐를 때 원형 도선 내부에서 자기장의 방향으로 옳은 것은?(단, 지구 자기장은 무시한다.)

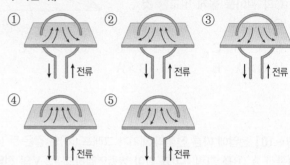

5 그림과 같이 전류가 흐르는 코일의 왼쪽에 나침반을 놓았더니, 나침반 자침의 N극이 오른쪽을 가리켰다.

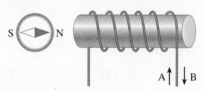

(가) 코일에 흐르는 전류의 방향과 (나) 코일 왼쪽에 생기는 자극의 종류로 옳은 것은?

	(가)	(나)
①	A	N극
②	B	N극
③	A	S극
④	B	S극
⑤	A	알 수 없음

6 전류가 흐르는 전자석 주위에 생기는 자기장과 전자석의 극을 옳게 나타낸 것은?

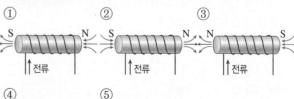

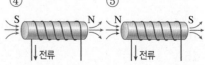

[7~8] 그림과 같이 장치한 후 알루미늄 막대에 전류를 흐르게 하였다.

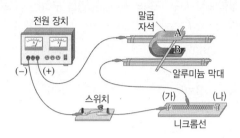

7 알루미늄 막대가 말굽 자석의 안쪽으로 움직일 때 자석의 A, B는 어떤 극인지 쓰시오.

8 위 장치에 대한 설명으로 옳지 <u>않은</u> 것은?

① 전류의 세기가 세지면 알루미늄 막대는 많이 움직인다.
② 전류의 방향을 반대로 하면 알루미늄 막대는 반대로 움직인다.
③ 말굽 자석을 센 것으로 바꾸면 알루미늄 막대는 많이 움직인다.
④ 니크롬선에 연결된 집게를 (나) 쪽으로 옮기면 알루미늄 막대가 많이 움직인다.
⑤ 전동기, 전류계 등도 이러한 원리를 이용한 것이다.

9 그림과 같이 자석의 두 극 사이에 전류가 흐르는 도선이 놓여 있다.

(가), (나)의 도선이 받는 힘의 방향을 옳게 짝 지은 것은?

	(가)	(나)		(가)	(나)
①	㉠	㉠	②	㉠	㉡
③	㉡	㉢	④	㉡	㉣
⑤	㉢	㉣			

10 그림과 같이 자기장 속에 전류가 흐르는 도선이 놓여 있을 때, 도선이 받는 힘이 큰 것부터 순서대로 쓰시오.(단, 전류와 자기장의 세기가 같다.)

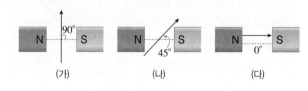

11 그림과 같이 두 전자석 사이에 도선을 놓고 화살표 방향으로 전류를 흐르게 할 때, 도선이 힘을 받아 움직이는 방향은?

① 오른쪽   ② 왼쪽   ③ 위쪽
④ 지면 뒤쪽   ⑤ 지면 앞쪽

12 그림은 전동기의 회전 원리를 나타낸 것이다.

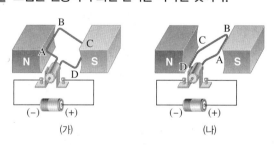

이에 대한 설명으로 옳지 <u>않은</u> 것은?

① (가)에서 코일의 AB 부분은 위쪽으로 힘을 받는다.
② (가)에서 코일의 CD 부분은 아래쪽으로 힘을 받는다.
③ (가)에서 코일은 시계 방향으로 회전한다.
④ (나)에서 코일의 AB 부분은 아래쪽으로 힘을 받는다.
⑤ (나)에서 코일은 시계 반대 방향으로 회전한다.

1 오른쪽 그림은 에라토스테네스가 지구의 크기를 측정한 방법을 나타낸 것이다. 이에 대한 설명으로 옳지 않은 것은?

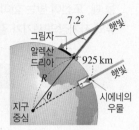

① 지구에 들어오는 햇빛은 평행하며, 지구는 완전한 구형이라고 가정하였다.

② 호의 길이는 중심각의 크기에 비례한다는 원리를 이용하였다.

③ 직접 측정한 값은 알렉산드리아에 세운 막대의 그림자 길이와 알렉산드리아와 시에네 사이의 거리이다.

④ 중심각(θ)의 크기는 막대의 끝과 그림자의 끝이 이루는 각 7.2°와 엇각으로 같다.

⑤ 지구의 크기를 구하는 식은 $2\pi R : 360° = 925\,\text{km} : 7.2°$이다.

[2~4] 오른쪽 그림은 지구 모형의 크기를 측정하기 위한 실험을 나타낸 것이다.

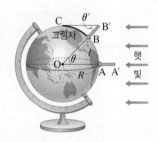

2 실험에서 실제로 측정해야 할 값을 보기에서 모두 고른 것은?

• 보기 •
ㄱ. 호 AB의 길이   ㄴ. 호 BC의 길이
ㄷ. 각 AOB의 크기   ㄹ. 각 BB′C의 크기
ㅁ. 막대 BB′의 길이

① ㄱ, ㄷ   ② ㄱ, ㄹ   ③ ㄴ, ㄷ
④ ㄱ, ㄹ, ㅁ   ⑤ ㄴ, ㄷ, ㅁ

3 이에 대한 설명으로 옳은 것을 모두 고르면?(2개)

① 지구 모형은 실제 지구와 같은 타원체여야 한다.
② 두 막대는 동일 경도상에 위도가 다르게 세운다.
③ 두 막대는 모두 그림자가 생기도록 세운다.
④ 막대 BB′의 그림자가 모형 밖으로 나가지 않도록 한다.
⑤ 각 AOB는 각 BB′C와 동위각으로 같다.

4 실험에서 지구 모형의 반지름(R)을 구하는 식으로 옳은 것은?

① $R = \dfrac{360° \times l}{\pi\theta}$ ② $R = \dfrac{360° \times l}{2\pi\theta}$

③ $R = \dfrac{2\pi\theta}{360° \times l}$ ④ $R = \dfrac{360° \times \theta}{2\pi \times l}$

⑤ $R = \dfrac{2\pi \times 360°}{l \times \theta}$

5 그림은 거의 같은 경도상에 위치한 개성과 제주도를 나타낸 것이다.

이를 이용하여 구한 지구 둘레의 값으로 옳은 것은?

① 약 6000 km   ② 약 6400 km
③ 약 30000 km   ④ 약 38400 km
⑤ 약 40200 km

6 지구의 자전에 의해 나타나는 현상을 보기에서 모두 고르시오.

• 보기 •
ㄱ. 별의 일주 운동이 나타난다.
ㄴ. 태양의 연주 운동이 나타난다.
ㄷ. 태양이 동쪽에서 떠서 서쪽으로 진다.
ㄹ. 지구에서 계절에 따라 볼 수 있는 별자리가 변한다.

7 지구의 자전 방향과 별의 일주 운동 방향을 옳게 짝 지은 것은?

	지구의 자전 방향	별의 일주 운동 방향
①	동 → 서	동 → 서
②	동 → 서	서 → 동
③	동 → 서	남 → 북
④	서 → 동	동 → 서
⑤	서 → 동	서 → 동

8 오른쪽 그림은 어느 날 우리나라에서 북쪽 하늘의 별을 관측한 모습이다. 이에 대한 설명으로 옳은 것을 보기에서 모두 고른 것은?

• 보기 •
ㄱ. 별은 A 방향으로 이동한다.
ㄴ. 별은 한 시간에 1 °씩 회전한다.
ㄷ. 하늘을 관측한 시간은 2시간이다.
ㄹ. 시간이 지나도 별 P는 거의 움직이지 않는다.

① ㄱ, ㄴ   ② ㄱ, ㄷ   ③ ㄴ, ㄷ
④ ㄴ, ㄹ   ⑤ ㄷ, ㄹ

9 그림은 우리나라에서 어느 날 밤 별의 일주 운동 모습을 여러 방향에서 찍은 것이다.

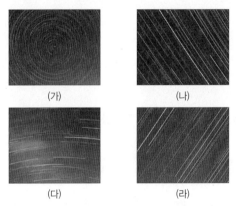

(가)   (나)

(다)   (라)

(가)~(라)에 해당하는 방향을 옳게 짝 지은 것은?

	(가)	(나)	(다)	(라)
①	동쪽	서쪽	남쪽	북쪽
②	남쪽	서쪽	북쪽	동쪽
③	남쪽	동쪽	북쪽	서쪽
④	북쪽	서쪽	남쪽	동쪽
⑤	북쪽	동쪽	남쪽	서쪽

10 운동 방향이 다른 하나는?

① 달의 공전   ② 지구의 공전
③ 지구의 자전   ④ 태양의 연주 운동
⑤ 태양의 일주 운동

11 그림은 해가 진 직후 같은 시각에 서쪽 하늘에서 보이는 태양과 별자리의 위치를 15일 간격으로 순서 없이 나타낸 것이다.

(가)   (나)   (다)

이에 대한 설명으로 옳은 것은?

① 태양의 일주 운동을 나타낸 것이다.
② 태양이 공전하기 때문에 나타나는 현상이다.
③ 태양은 별자리 사이를 동에서 서로 이동한다.
④ 별자리는 6개월 뒤에 같은 위치에서 관측된다.
⑤ 관측한 순서대로 나열하면 (다) → (나) → (가)이다.

[12~13] 그림은 황도 12궁을 나타낸 것이다.

12 태양이 쌍둥이자리를 지날 때 밤12시에 남쪽 하늘에서 보이는 별자리는?

① 처녀자리   ② 천칭자리   ③ 궁수자리
④ 물고기자리   ⑤ 쌍둥이자리

13 지구가 A에 위치할 때의 설명으로 옳지 않은 것은?

① 지구는 3월이다.
② 태양은 사자자리를 지난다.
③ 한밤중에 남쪽 하늘에서 물병자리가 보인다.
④ 한 달 후에 태양은 처녀자리를 지난다.
⑤ 3개월 후 한밤중에 남쪽 하늘에서 황소자리가 보인다.

중단원별 핵심 문제 02 달

1 그림은 달의 크기를 측정하는 방법을 나타낸 것이다.

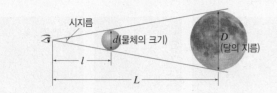

달의 지름(D)을 구하는 식은?

① $D = \dfrac{d}{l \times L}$ ② $D = \dfrac{l \times L}{d}$

③ $D = \dfrac{l \times d}{L}$ ④ $D = \dfrac{d \times L}{l}$

⑤ $D = \dfrac{l}{d \times L}$

2 다음은 삼각형의 닮음비를 이용하여 공의 지름을 구하기 위한 실험과 측정값을 나타낸 것이다.

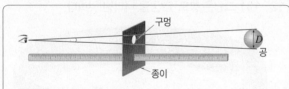

• 종이의 두께 : 0.2 cm
• 구멍의 지름 : 1 cm
• 눈에서 종이까지의 거리 : 10 cm
• 눈에서 공까지의 거리 : 300 cm

공의 지름(D)은 몇 cm인가?

① 6 cm ② 10 cm ③ 30 cm
④ 45 cm ⑤ 60 cm

3 달과 지구의 크기를 옳게 비교한 것은?

① 달의 둘레는 지구 둘레의 약 $\dfrac{1}{4}$이다.

② 달의 둘레는 지구 둘레의 약 4배이다.

③ 지구의 부피는 달의 부피의 약 4배이다.

④ 지구의 지름은 달의 지름의 약 2배이다.

⑤ 지구의 반지름은 달의 반지름의 약 2배이다.

4 달의 운동에 대한 설명으로 옳은 것은?

① 달은 동에서 서로 자전한다.

② 달은 하루에 약 1 °씩 공전한다.

③ 달의 자전 속도와 공전 속도는 다르다.

④ 달은 지구 주위를 서에서 동으로 공전한다.

⑤ 지구에서 같은 시각에 관측한 달은 하루에 약 13 °씩 동에서 서로 이동한다.

5 오늘은 양력 8월 17일, 음력 7월 7일이다. 오늘 밤에 볼 수 있는 달의 모양으로 옳은 것은?

①   ②   ③

④   ⑤

[6~8] 그림은 달의 공전 궤도를 나타낸 것이다.

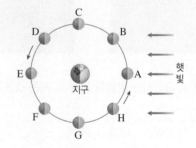

6 A~H 중 지구에서 보름달을 관측할 수 있는 위치를 쓰시오.

7 달의 위치가 H일 때 지구에서 보이는 달의 모양과 이름을 옳게 짝 지은 것은?

① 상현달 –   ② 보름달 –   ③ 그믐달 –

④ 상현달 –   ⑤ 하현달 –

8 달이 오른쪽 그림과 같은 모양일 때에 대한 설명으로 옳은 것은?

① 상현달이다.
② A 위치에서 관측된다.
③ 월식이 일어날 수 있다.
④ 음력 7~8일경에 관측된다.
⑤ 태양, 지구, 달은 직각을 이루고 있다.

9 그림은 매일 같은 시각에 관측한 달의 위치와 모양을 나타낸 것이다.

이와 같이 달의 위치와 모양이 달라지는 까닭은?

① 달의 크기가 변하기 때문이다.
② 달이 지구 주위를 공전하기 때문이다.
③ 지구가 태양 주위를 공전하기 때문이다.
④ 달과 지구 사이의 거리가 변하기 때문이다.
⑤ 지구가 공전하는 동안 달이 자전하기 때문이다.

10 달이 자전하지 않고 공전한다고 가정할 때 나타날 수 있는 현상은?

① 항상 보름달이 관측된다.
② 항상 달의 같은 면만 보인다.
③ 달이 뜨는 시각이 매일 같아진다.
④ 지구에서 달을 관측할 수 없다.
⑤ 달의 모든 면을 관측할 수 있다.

11 일식과 월식에 대한 설명으로 옳은 것을 보기에서 모두 고른 것은?

• 보기 •
ㄱ. 일식은 달이 태양을 가리는 현상이다.
ㄴ. 일식은 달의 위치가 삭일 때 일어난다.
ㄷ. 일식과 월식은 삭과 망일 때마다 일어난다.
ㄹ. 부분 월식은 달의 일부가 지구의 반그림자를 지날 때 일어난다.

① ㄱ, ㄴ   ② ㄱ, ㄷ   ③ ㄴ, ㄷ
④ ㄴ, ㄹ   ⑤ ㄷ, ㄹ

12 그림은 어느 날 일식이 일어나는 과정을 나타낸 것이다.

이에 대한 설명으로 옳지 <u>않은</u> 것은?

① 부분 일식이 일어난 모습이다.
② 일식의 진행 방향은 A이다.
③ 달은 태양의 오른쪽부터 가린다.
④ 이날 밤에는 달이 보이지 않을 것이다.
⑤ 관측자는 달의 본그림자가 닿는 부분에 있다.

13 그림은 월식이 일어날 때의 모습을 나타낸 것이다.

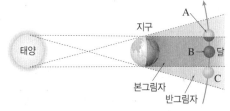

이에 대한 설명으로 옳은 것은?

① 하현달이 뜨는 날에 일어난다.
② A에서는 월식이 일어나지 않는다.
③ B에서는 부분 월식이 일어난다.
④ 달이 C에 있을 때는 달 전체가 붉게 보인다.
⑤ 월식이 일어날 때 달은 왼쪽부터 가려진다.

1 다음과 같은 특징을 나타내는 태양계 행성의 이름을 쓰시오.

> • 지구와 크기가 비슷하다.
> • 표면 온도가 약 470 ℃이다.
> • 지구에서 볼 때 가장 밝게 보이는 행성이다.

2 다음은 태양계 행성의 특징을 설명한 것이다.

> (가) 평균 밀도가 가장 작고, 뚜렷한 고리가 있다.
> (나) 대기가 없어 낮과 밤의 표면 온도 차이가 크다.
> (다) 자전축이 공전 궤도면에 나란하게 기울어져 있다.
> (라) 두꺼운 이산화 탄소 대기가 있어 기압이 매우 높다.

(가)~(라)에 해당하는 행성의 이름을 옳게 짝 지은 것은?

	(가)	(나)	(다)	(라)
①	금성	화성	수성	목성
②	목성	화성	해왕성	토성
③	화성	목성	천왕성	금성
④	화성	목성	해왕성	천왕성
⑤	토성	수성	천왕성	금성

3 그림은 태양 주위를 공전하고 있는 행성을 나타낸 것이다.

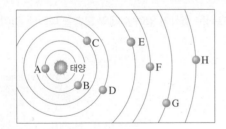

행성 D에 대한 설명으로 옳은 것은?

① 표면에 운석 구덩이가 많다.
② 태양계에서 가장 큰 행성이다.
③ 파란색을 띠고, 대흑점이 나타난다.
④ 빠른 자전으로 표면에 나란한 줄무늬가 나타난다.
⑤ 양극에 흰색의 극관이 있고, 계절에 따라 극관의 크기가 변한다.

4 다음 행성들의 공통적인 특징으로 옳은 것은?

> 목성, 토성, 천왕성, 해왕성

① 고리가 있다.
② 지구형 행성이다.
③ 위성이 없거나 그 수가 적다.
④ 질량과 반지름이 지구보다 작다.
⑤ 지구보다 무거운 물질로 이루어져 있다.

5 그래프는 태양계 행성을 물리적 특성에 따라 두 집단으로 구분한 것이다.

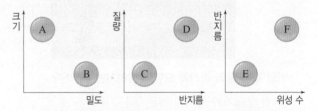

A~F 중 지구형 행성에 해당하는 것을 모두 고른 것은?

① A, C, E   ② A, D, E   ③ A, D, F
④ B, C, E   ⑤ B, D, F

6 지구형 행성과 목성형 행성에 대한 설명으로 옳지 <u>않은</u> 것은?

① 수성은 지구형 행성에 속한다.
② 화성은 목성형 행성에 속한다.
③ 목성형 행성은 단단한 표면이 없다.
④ 지구형 행성은 목성형 행성에 비해 크기가 작다.
⑤ 목성형 행성은 지구형 행성에 비해 밀도가 작다.

7 태양의 특징에 대한 설명으로 옳은 것은?

① 태양은 자전을 하지 않는다.
② 표면 온도는 약 10000 ℃이다.
③ 태양은 스스로 빛을 내는 행성이다.
④ 흑점 수는 약 11년을 주기로 증감한다.
⑤ 태양의 대기는 항상 관측할 수 있다.

8 다음은 태양에서 관측되는 여러 가지 현상에 대한 설명이다.

(가) 광구 바로 위에 나타나는 붉은색의 얇은 대기층
(나) 태양 바깥쪽으로 수백만 km까지 뻗어 있는 진주색의 대기층
(다) 흑점 부근에서 폭발하여 일시적으로 막대한 에너지가 방출되는 현상

(가)~(다)에 해당하는 것을 옳게 짝 지은 것은?

	(가)	(나)	(다)
①	채층	홍염	코로나
②	채층	코로나	플레어
③	홍염	쌀알 무늬	플레어
④	플레어	채층	코로나
⑤	코로나	플레어	채층

9 그림은 광구와 그 주변에서 관측되는 현상이다.

 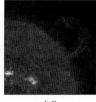 
(가)　　　　(나)　　　　(다)

이에 대한 설명으로 옳은 것은?

① (가)는 개기 일식 때 잘 관측할 수 있다.
② (나)는 주위보다 온도가 낮다.
③ (나)는 광구 아래의 대류 현상 때문에 생긴다.
④ (다)는 태양 활동이 활발해지면 크기가 커진다.
⑤ (다)는 광구에서부터 대기로 고온의 기체가 솟아오르는 현상이다.

10 태양 활동이 활발할 때 나타나는 현상으로 옳지 않은 것은?

① 홍염이 자주 발생한다.
② 델린저 현상이 발생한다.
③ 코로나의 크기가 커진다.
④ 오로라가 자주 나타난다.
⑤ 태양의 흑점 수가 감소한다.

11 그림은 천체 망원경의 구조를 나타낸 것이다.

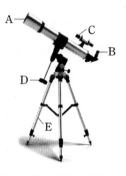

A~E에 대한 설명으로 옳지 않은 것은?

① A는 대물렌즈로, 빛을 모으는 역할을 한다.
② B는 접안렌즈로, 경통을 지지하며 잘 움직이게 한다.
③ C는 보조 망원경으로, 관측 대상을 쉽게 찾을 수 있게 한다.
④ D는 균형추로, 망원경의 균형을 잡아 준다.
⑤ E는 삼각대로, 망원경을 고정하는 역할을 한다.

12 다음은 천체 망원경으로 천체를 관측하는 방법을 순서 없이 나열한 것이다.

(가) 보조 망원경으로 관측하려는 천체를 먼저 찾는다.
(나) 평평한 곳에 망원경을 설치하고, 경통이 천체를 향하게 한다.
(다) 배율이 낮은 접안렌즈로 먼저 관측하고, 배율이 높은 접안렌즈로 바꿔 관측한다.

(가)~(다)를 관측 순서대로 나열하시오.

1 다음은 광합성에 대한 설명이다. ( ) 안에 알맞은 말을 쓰시오.

> 광합성은 주로 식물의 잎 세포에 들어 있는 초록색의 작은 알갱이인 (㉠)에서 일어난다. ㉠에는 (㉡)라고 하는 초록색 색소가 들어 있는데, ㉡은 광합성에 필요한 빛에너지를 흡수한다.

2 그림은 광합성 과정을 나타낸 것이다.

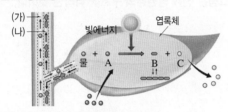

이에 대한 설명으로 옳지 <u>않은</u> 것은?

① A는 잎의 기공을 통해 흡수한다.
② B는 녹말로, 곧 포도당으로 바뀌어 저장된다.
③ C는 생물의 호흡에 필요한 산소이다.
④ 물은 뿌리에서 흡수하여 (가)를 통해 운반된다.
⑤ 광합성으로 만들어진 양분은 (나)를 통해 이동한다.

[3~4] 숨을 불어넣어 파란색에서 노란색으로 변한 BTB 용액을 시험관 A~C에 넣어 그림과 같이 장치하고 BTB 용액의 색깔 변화를 관찰하였다.

3 시험관 A와 B의 색깔 변화를 옳게 짝 지은 것은?

	A	B		A	B
①	파란색	파란색	②	파란색	노란색
③	노란색	파란색	④	노란색	초록색
⑤	노란색	노란색			

4 이 실험을 통해 알 수 있는 사실로 옳은 것을 모두 고르면?(2개)

① 광합성에는 빛이 필요하다.
② 광합성에는 산소가 필요하다.
③ 광합성으로 이산화 탄소가 생성된다.
④ 광합성에는 이산화 탄소가 필요하다.
⑤ BTB 용액은 광합성의 원료가 된다.

[5~6] 그림과 같이 햇빛이 잘 비치는 곳에 둔 검정말을 에탄올에 넣고 물중탕한 다음 잎을 떼어 아이오딘－아이오딘화 칼륨 용액을 떨어뜨리고 현미경으로 관찰하였다.

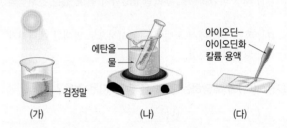

5 (나) 과정을 거치는 까닭으로 옳은 것을 모두 고르면?(2개)

① 물을 공급하기 위해서이다.
② 잎을 탈색하기 위해서이다.
③ 빛을 받지 못하게 하기 위해서이다.
④ 이산화 탄소를 공급하기 위해서이다.
⑤ 아이오딘－아이오딘화 칼륨 용액에 의한 색깔 변화를 잘 관찰하기 위해서이다.

6 (다) 과정에서 확인할 수 있는 광합성 산물은?

① 산소   ② 녹말   ③ 설탕
④ 포도당   ⑤ 이산화 탄소

7 광합성에 영향을 미치는 환경 요인으로 옳은 것을 보기에서 모두 고르시오.

> **◆ 보기 ◆**
> ㄱ. 온도   ㄴ. 산소의 농도
> ㄷ. 빛의 세기   ㄹ. 이산화 탄소의 농도

8 시금치 잎 조각을 그림과 같이 탄산수소 나트륨 수용액이 담긴 비커에 넣고 전등이 켜진 개수를 1개에서 3개까지 늘리면서 잎 조각이 모두 떠오르는 데 걸리는 시간을 측정하였다.

이에 대한 설명으로 옳지 **않은** 것은?

① 잎 조각의 산소 발생량은 광합성량을 뜻한다.
② 온도와 광합성량의 관계를 알아보는 실험이다.
③ 탄산수소 나트륨 수용액은 이산화 탄소를 공급한다.
④ 전등이 켜진 개수가 늘어날수록 빛의 세기가 세진다.
⑤ 잎 조각의 광합성이 활발해질수록 잎 조각이 모두 떠오르는 데 걸리는 시간이 짧아진다.

9 다음에서 설명하는 잎의 구조를 쓰시오.

> • 주로 잎의 뒷면에 많다.
> • 2개의 공변세포가 둘러싸고 있다.
> • 산소와 이산화 탄소, 수증기 등과 같은 기체가 드나드는 통로 역할을 한다.

10 증산 작용에 대한 설명으로 옳은 것을 모두 고르면?(2개)

① 주로 밤에 활발하게 일어난다.
② 식물 내부의 물을 밖으로 내보내어 수분량을 조절한다.
③ 잎에서 흡수한 물이 뿌리까지 내려가게 하는 원동력이다.
④ 공변세포의 모양에 따라 기공이 열리고 닫히면서 조절된다.
⑤ 물이 증발하면서 열을 방출하므로 식물의 체온을 높이는 효과가 있다.

11 잎이 달린 나뭇가지와 잎을 모두 딴 나뭇가지를 같은 양의 물이 든 눈금실린더에 넣고 그림과 같이 장치한 다음 햇빛이 잘 비치는 곳에 두고 일정 시간 후 줄어든 물의 양을 관찰하였다.

이에 대한 설명으로 옳지 **않은** 것을 모두 고르면?(2개)

① 물이 가장 많이 남은 것은 (가)이다.
② (나)의 비닐봉지에는 물방울이 맺힌다.
③ 수면의 높이가 가장 많이 낮아진 것은 (다)이다.
④ 식용유는 물의 증발을 막기 위해 떨어뜨린 것이다.
⑤ 이 실험을 통해 식물의 잎에서 증산 작용이 일어나는 것을 알 수 있다.

12 오른쪽 그림은 식물 잎의 뒷면 표피 일부를 나타낸 것이다. 각 부분에 대한 설명으로 옳은 것을 보기에서 모두 고른 것은?

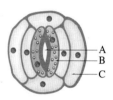

> ● 보기 ●
> ㄱ. A는 주로 빛이 없을 때 열린다.
> ㄴ. B는 안쪽 세포벽이 바깥쪽 세포벽보다 두껍다.
> ㄷ. C에는 엽록체가 있다.

① ㄱ ② ㄴ ③ ㄱ, ㄴ
④ ㄱ, ㄷ ⑤ ㄴ, ㄷ

13 표는 증산 작용이 잘 일어나는 조건을 나타낸 것이다.

햇빛	온도	습도	바람
(가)	높을 때	(나)	잘 불 때

(가)와 (나)에 알맞은 말을 쓰시오.

1 식물의 호흡에 대한 설명으로 옳지 <u>않은</u> 것은?

① 밤에만 일어난다.
② 호흡에는 산소가 필요하다.
③ 모든 살아 있는 세포에서 일어난다.
④ 호흡에 필요한 양분은 광합성으로 만들어진다.
⑤ 호흡을 통해 생명 활동에 필요한 에너지를 얻는다.

2 그림과 같이 2개의 페트병을 준비하여 한 개의 페트병에만 시금치를 넣고 어두운 곳에 하루 동안 두었다가 페트병 속의 공기를 각각 석회수에 통과시켰다.

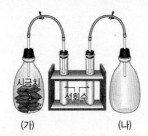

(가)　　　　　(나)

이에 대한 설명으로 옳은 것을 보기에서 모두 고른 것은?

• 보기 •
ㄱ. (가)에서 이산화 탄소가 발생하였다.
ㄴ. (나)에서 산소가 발생하였다.
ㄷ. (가)의 공기를 통과시킨 석회수가 뿌옇게 변한다.

① ㄱ　　　② ㄴ　　　③ ㄱ, ㄷ
④ ㄴ, ㄷ　　　⑤ ㄱ, ㄴ, ㄷ

3 광합성과 호흡에 대한 내용으로 옳지 <u>않은</u> 것은?

	구분	광합성	호흡
①	양분	합성	분해
②	산소	흡수	방출
③	시기	빛이 있을 때	항상
④	에너지	저장	생성
⑤	이산화 탄소	흡수	방출

[4~5] 초록색 BTB 용액을 4개의 시험관에 나누어 넣고, 시험관 A에는 입김을 불어넣어 노란색으로 만든 후 그림과 같이 장치하여 햇빛이 잘 비치는 곳에 두었다.

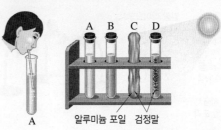

알루미늄 포일　검정말

4 시험관 C와 D에서 일어나는 검정말의 작용을 옳게 짝지은 것은?

	C	D
①	호흡	광합성
②	호흡	광합성, 호흡
③	광합성	호흡
④	광합성, 호흡	호흡
⑤	광합성, 호흡	광합성, 호흡

5 시험관 B~D 중 BTB 용액의 색깔이 시험관 A와 같게 변하는 시험관의 기호를 모두 쓰시오.

[6~7] 다음은 식물에서 일어나는 두 가지 작용 A와 B의 관계를 나타낸 것이다.

$$\text{이산화 탄소} + \text{물} \xrightarrow[\text{B(에너지 생성)}]{\text{A(빛에너지 흡수)}} \text{포도당} + \text{산소}$$

6 A와 B에 해당하는 식물의 작용을 쓰시오.

7 작용 A와 B에 대한 설명으로 옳은 것을 보기에서 모두 고른 것은?

• 보기 •
ㄱ. A와 B는 기체 교환이 반대로 일어난다.
ㄴ. A는 빛이 있는 낮에, B는 빛이 없는 밤에만 일어난다.
ㄷ. A는 양분을 합성하는 과정이고, B는 양분을 분해하는 과정이다.

① ㄱ　　　② ㄴ　　　③ ㄱ, ㄷ
④ ㄴ, ㄷ　　　⑤ ㄱ, ㄴ, ㄷ

8 식물은 항상 호흡을 하지만 빛이 강한 낮에는 겉보기에 이산화 탄소가 방출되지 않아 호흡을 하지 않는 것처럼 보인다. 그 까닭으로 옳은 것은?

① 낮에는 광합성이 일어나지 않기 때문에
② 낮에는 호흡량이 광합성량보다 많기 때문에
③ 낮에는 호흡 시 이산화 탄소가 흡수되기 때문에
④ 낮에는 에너지를 생성하는 작용이 일어나지 않기 때문에
⑤ 낮에는 호흡으로 발생한 이산화 탄소가 모두 광합성에 쓰이기 때문에

9 식물의 기체 교환에 대한 설명으로 옳은 것을 보기에서 모두 고른 것은?

> ● 보기 ●
> ㄱ. 낮과 밤에 반대로 나타난다.
> ㄴ. 낮에는 광합성만 일어나므로 이산화 탄소가 흡수된다.
> ㄷ. 밤에는 산소를 흡수하고, 이산화 탄소를 방출한다.

① ㄱ   ② ㄱ, ㄴ   ③ ㄱ, ㄷ
④ ㄴ, ㄷ   ⑤ ㄱ, ㄴ, ㄷ

[10~11] 그림은 식물에서 낮에 일어나는 기체 교환을 나타낸 것이다.

10 기체 A, B의 이름을 쓰시오.

11 이에 대한 설명으로 옳지 <u>않은</u> 것은?

① A는 광합성에 필요한 물질이다.
② B는 호흡에 필요한 물질이다.
③ 빛이 없을 때는 B가 흡수되고, A가 방출된다.
④ 광합성량이 호흡량보다 많다.
⑤ 양분을 분해하여 에너지를 얻는 과정은 일어나지 않는다.

12 광합성으로 만들어진 양분의 이동과 저장에 대한 설명으로 옳지 <u>않은</u> 것은?

① 설탕 형태로 이동한다.
② 밤에 체관을 통해 이동한다.
③ 뿌리, 줄기, 열매, 씨 등에 저장된다.
④ 남은 양분은 모두 포도당 형태로 저장된다.
⑤ 양파와 포도는 같은 형태로 양분을 저장한다.

13 오른쪽 그림과 같이 나무줄기의 바깥쪽 껍질을 고리 모양으로 벗겨냈을 때 시간이 지난 후 (가) 부풀어 오르는 부분과 이러한 현상과 (나) 관계있는 식물의 구조를 옳게 짝 지은 것은?

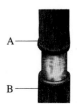

	(가)	(나)
①	A	물관
②	A	체관
③	A	기공
④	B	체관
⑤	B	물관

14 각 식물에서 광합성 결과 생성된 양분이 저장되는 형태를 옳게 짝 지은 것은?

① 콩 - 설탕
② 포도 - 지방
③ 양파 - 녹말
④ 고구마 - 단백질
⑤ 사탕수수 - 설탕

01 원소

01 그림과 같이 라부아지에의 물 분해 실험에서 뜨거운 주철관에 물을 부었더니 생성된 산소가 주철관의 철과 결합하여 녹슬고, 집기병에는 수소가 모아졌다.

이 실험 결과를 이용하여 아리스토텔레스가 원소라고 주장한 '물'이 원소가 <u>아닌</u> 까닭을 서술하시오.

_____

_____

02 그림과 같이 빨대와 홈판을 이용하여 물의 전기 분해 실험 장치를 만든 후 전류를 흘려 주었다.

(1) (＋)극과 (−)극에 연결된 빨대에 모인 기체의 이름을 각각 쓰시오.

_____

(2) (＋)극과 (−)극에 모인 기체의 확인 방법을 서술하시오.

_____

_____

(3) 이 실험에서 물에 수산화 나트륨을 녹이는 까닭을 서술하시오.

_____

_____

03 그림은 불꽃 반응 실험을 나타낸 것이다.

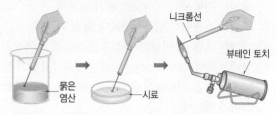

니크롬선을 겉불꽃에 넣는 까닭을 서술하시오.

_____

_____

04 불꽃 반응 색이 비슷하여 불꽃 반응으로는 구별하기 어려운 리튬과 스트론튬을 선 스펙트럼으로 구별할 수 있는 까닭을 서술하시오.

_____

_____

05 그림은 임의의 원소 A, B와 물질 (가)~(라)의 선 스펙트럼을 나타낸 것이다.

(1) (가)~(라) 중 원소 A, B를 포함하는 물질을 모두 고르시오.

_____

(2) (1)과 같이 답한 까닭을 서술하시오.

_____

_____

02 원자와 분자

01 표는 몇 가지 원자가 가지고 있는 원자핵의 전하량과 전자 수를 나타낸 것이다.

구분	리튬	질소
원자핵의 전하량	+3	+7
전자 수(개)	3	7

각 원자를 모형으로 나타내시오.

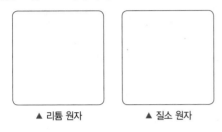

▲ 리튬 원자　　　　▲ 질소 원자

02 원자가 전기적으로 중성인 까닭을 다음 용어를 모두 포함하여 서술하시오.

> 원자핵, 전자, (−)전하량, (+)전하량

03 다음은 베르셀리우스가 제안한 방법으로 탄소와 염소를 원소 기호로 나타낸 것이다.

원소 기호를 나타내는 방법을 서술하시오.

04 오른쪽 그림은 암모니아의 분자 모형을 나타낸 것이다. 암모니아의 분자 모형을 5개 만들기 위해 필요한 수소 원자의 개수를 쓰고, 그 까닭을 서술하시오.

05 그림은 두 가지 물질의 분자 모형을 나타낸 것이다.

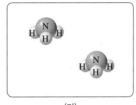　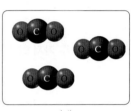

(가)　　　　　　　(나)

(1) (가)와 (나)의 분자 모형을 분자식으로 나타내시오.

(2) (가)와 (나)를 이루는 원자의 총개수를 쓰시오.

(3) (가)와 (나)의 분자를 이루는 원자의 종류를 각각 서술하시오.

06 분자를 분자식으로 나타낼 때 알 수 있는 사실을 <u>두 가지</u>만 서술하시오.

03 이온

01 그림은 리튬 원자가 이온이 되는 과정을 모형으로 나타낸 것이다.

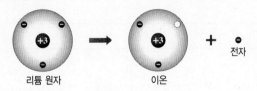

리튬 원자가 이온이 되는 과정을 다음 용어를 모두 포함하여 서술하시오.

전자, 양이온

02 그림은 두 가지 이온을 모형으로 나타낸 것이다.

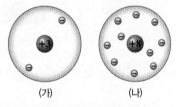

(가), (나)를 양이온, 음이온으로 구분하고, 그 까닭을 (+)전하량과 (−)전하량을 비교하여 서술하시오.

03 그림과 같이 질산 칼륨 수용액을 넣은 페트리 접시에 전원 장치를 연결하고 파란색의 황산 구리(Ⅱ) 수용액과 보라색의 과망가니즈산 칼륨 수용액을 떨어뜨렸더니 파란색은 (−)극으로, 보라색은 (+)극으로 이동하였다.

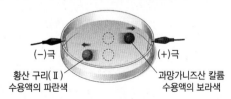

파란색을 띠는 이온과 보라색을 띠는 이온의 이온식을 쓰고, 그 까닭을 서술하시오.

[04~05] 그림은 은 이온(Ag^+), 바륨 이온(Ba^{2+}), 칼륨 이온(K^+)이 들어 있는 혼합 용액에서 각 이온을 확인하기 위한 실험의 순서도를 나타낸 것이다.

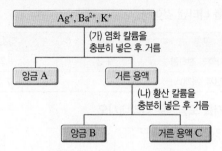

04 앙금 A와 앙금 B가 생성되는 반응을 각각 식으로 나타내시오.

05 거른 용액 C를 불꽃 반응시켰을 때 나타나는 불꽃 반응색을 쓰고, 그 까닭을 서술하시오.

06 다음은 이온의 이동에 대한 실험 과정과 결과이다.

> (가) 실 2개에 아이오딘화 칼륨 수용액과 질산 납 수용액을 각각 적신다.
> (나) 그림과 같이 질산 칼륨 수용액을 적신 거름종이 위에 실 A, B를 올려놓는다.
> (다) 전원을 연결하였더니 A와 B 사이에서 노란색 앙금이 생성되었다.
>
>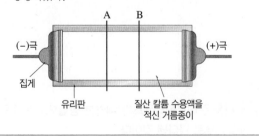

(1) 이 실험에서 생성된 앙금의 이름을 쓰시오.

(2) 실 A, B에 적신 수용액을 각각 쓰고, 그 까닭을 서술하시오.

01 전기의 발생

01 그림과 같이 고무풍선과 고양이 털을 마찰하면 고무풍선
은 (−)전하, 고양이 털은 (+)전하로 대전된다.

이와 같은 현상이 나타나는 까닭을 서술하시오.

_____

_____

02 그림은 빨대 A와 B를 각각 털가죽과 문지른 후 빨대 B
를 A에 가까이 한 모습을 나타낸 것이다.

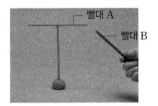

이때 어떤 변화가 나타나는지 쓰고, 그 까닭을 서술하시오.

_____

_____

03 전하를 띠는 가벼운 은박 구 A~D를 실에 매달았더니,
그림과 같이 되었다.

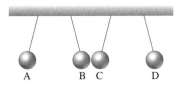

A가 (−)전하로 대전되었다면, 은박 구 B, C, D는 어떤 전
하로 대전되었는지 서술하시오.

_____

_____

04 그림과 같이 대전되지 않은 금속 막대의 B 부분에 은박
구를 놓고, A 부분에 (−)대전체를 가까이 하였다.

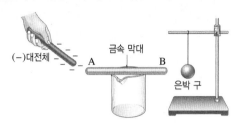

금속 막대 A, B 부분에 대전된 전하의 종류와 은박 구의 움
직임을 서술하시오.

_____

_____

05 검전기를 이용하여 알 수 있는 사실을 세 가지 서술하
시오.

_____

_____

06 오른쪽 그림과 같이 대전
되지 않은 검전기의 금속판에
(−)대전체를 가까이 하면 금
속박은 어떤 전하를 띠게 되
는지 까닭과 함께 서술하시오.

_____

_____

07 그림과 같이 대전되지 않은 검전기에 대전체 A, B를 가
까이 하였더니, (가)보다 (나)의 금속박이 더 많이 벌어졌다.

이를 통해 알 수 있는 대전체 A, B의 차이점을 서술하시오.

_____

_____

02 전류, 전압, 저항

01 도선에 전류가 흐를 때와 흐르지 않을 때, 도선 속 전자의 운동 상태를 각각 서술하시오.

_____

_____

02 전기 회로에 전압계를 연결하였더니, 오른쪽 그림과 같이 눈금이 반대 방향으로 회전하였다. 이 때 전압의 크기를 정확히 측정하기 위해서 전압계를 어떻게 연결해야 하는지 서술하시오.

_____

_____

03 전기 저항이 발생하는 까닭을 간단히 서술하시오.

_____

_____

04 오른쪽 그래프는 세 도선 (가), (나), (다)에 걸리는 전압에 따른 전류의 세기를 나타낸 것이다. (가), (나), (다)의 재질과 길이가 같을 때 세 도선의 단면적을 비교하고 까닭을 서술하시오.

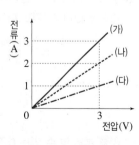

05 오른쪽 그림과 같은 전기 회로에서 전지의 (−)극 쪽이 전류계의 50 mA 단자, 전압계의 3 V 단자에 연결되어 있다.

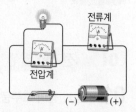

(1) 전류계와 전압계의 눈금이 그림과 같을 때 전구에 흐르는 전류의 세기(A)와 전압(V)을 각각 구하시오.

(2) 전구의 저항은 몇 Ω인지 풀이 과정과 함께 서술하시오.

_____

_____

06 여러 개의 저항을 직렬연결할 때와 병렬연결할 때 전체 저항의 크기는 어떻게 변하는지 서술하시오.

_____

_____

07 오른쪽 그림과 같은 회로에 동일한 전구 한 개를 추가로 병렬연결하면, 전구의 밝기는 처음과 어떻게 달라지는지 그 까닭과 함께 서술하시오.

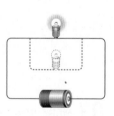

_____

_____

08 멀티탭의 내부는 병렬연결되어 있다. 멀티탭을 병렬연결할 때의 장점을 두 가지 서술하시오.

_____

_____

03 전류의 자기 작용

01 그림과 같이 자석이 놓여 있을 때 주변의 자기장을 자기력선을 이용하여 그리시오.

 N   S   N   N

02 오른쪽 그림과 같이 장치하고 전류가 흐르는 직선 도선 주위의 자기장에 대해 알아보는 실험을 하였다. A, B 지점에서 나침반 자침의 N극이 가리키는 방향을 서술하시오.(단, 지구 자기장은 무시한다.)

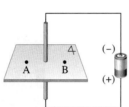

_____

_____

03 그림과 같이 전자석 (가)와 (나)를 나란히 놓고 전류를 각각 흘려주었다.

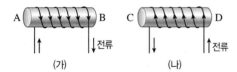

(1) 전자석 사이에 어떤 힘이 작용하는지 쓰고, 그 까닭을 서술하시오.

_____

(2) 전자석 (가)의 내부와 외부에서 생기는 자기장의 방향을 A와 B를 이용하여 서술하시오.

_____

04 다음은 자기장 속에서 전류가 흐르는 도선이 받는 힘의 방향을 찾는 방법을 설명한 것이다.

(㉠)손의 (㉡) 손가락을 자기장의 방향으로 펴고 (㉢)손가락이 전류의 방향을 가리키게 할 때, (㉣)이 향하는 방향이 힘의 방향이 된다.

㉠~㉣에 알맞은 말을 쓰시오.

_____

05 자기장에서 전류가 흐르는 도선이 받는 힘을 알아보기 위하여 오른쪽 그림과 같이 장치하였다.

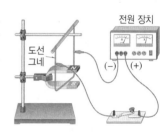

(1) 스위치를 닫아 전류를 흐르게 하였을 때, 도선 그네의 움직임을 서술하시오.

_____

_____

(2) 도선 그네의 움직임을 더 크게 하는 방법을 두 가지 서술하시오.

_____

_____

06 오른쪽 그림은 전동기의 원리를 나타낸 것이다. 이 전동기가 회전하는 방향을 쓰고, 이러한 전동기를 이용한 예를 한 가지 서술하시오.

01 지구

[01~02] 그림은 에라토스테네스의 지구 크기 측정 방법을 이용하여 지구 모형의 크기를 측정하는 모습이다.

01 지구 모형의 크기를 구하기 위한 수학적 원리를 제시된 단어를 모두 사용하여 서술하시오.

> 원, 호의 길이(l), 중심각(θ)

02 측정값이 다음과 같을 때 지구 모형의 반지름(R)을 식을 세워 구하시오.(단, $\pi=3$으로 계산한다.)

> • A와 B 사이의 거리(l)=5 cm
> • 막대 BB′ 그림자의 길이=7 cm
> • ∠BB′C=30°

03 에라토스테네스가 측정한 지구의 크기가 실제 지구의 크기와 차이 나는 까닭 두 가지를 서술하시오.

04 동일 경도상에 있는 서울과 광주 사이의 거리는 약 280 km이다. 서울의 위도는 37.5°N, 광주의 위도는 35.1°N일 때, 지구의 반지름(R)을 구하는 비례식을 세우시오.

05 태양이 (가) 하루를 주기로 뜨고 지는 까닭과 (나) 별자리 사이를 이동하여 일 년 후에 제자리로 돌아오는 까닭을 서술하시오.

06 그림은 어느 맑은 날 밤 4시간 간격으로 북두칠성을 관측한 모습이다.

저녁 8시경 북두칠성의 위치가 B일 때 4시간 후 북두칠성의 위치를 A~C 중 고르고, 이동한 각도를 구하시오.

07 그림은 황도 12궁과 지구의 공전 궤도를 나타낸 것이다.

지구가 A 위치에 있을 때 한밤중에 남쪽 하늘에서 보이는 별자리를 쓰고, 계절에 따라 별자리가 달라지는 까닭을 서술하시오.

02 달

01 그림과 같이 달의 크기를 측정하기 위해 두꺼운 종이에 구멍을 뚫고, 구멍에 보름달이 겹쳐지도록 하였다.

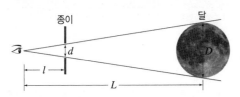

(1) 실험에서 직접 측정해야 하는 값을 모두 쓰시오.

_____

(2) 달의 지름(D)을 구하는 비례식을 세우시오.

_____

_____

02 그림은 달의 위상을 나타낸 것이다.

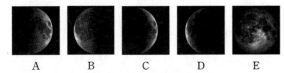

A~E를 음력 날짜가 빠른 것부터 순서대로 나열하고, 달의 위상이 달라지는 까닭을 서술하시오.

_____

_____

[03~04] 그림은 달의 공전 모습을 나타낸 것이다.

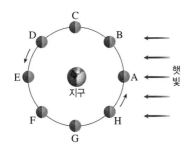

03 A~H 중 다음 설명에 해당하는 위치를 쓰시오.

(1) 달이 보이지 않고, 일식이 일어날 수 있다.

_____

(2) 음력 15일경 달의 위치로, 위상은 보름달이다.

_____

04 달의 위치가 C, G일 때 달의 위상을 각각 쓰고, 햇빛의 방향이 반대가 되면 달의 위상은 어떻게 달라지는지 서술하시오.

_____

_____

05 그림과 같이 달의 모양이 달라져도 달의 표면 무늬가 변하지 <u>않는</u> 까닭을 서술하시오.

_____

_____

06 그림은 태양, 달, 지구의 위치 관계를 나타낸 것이다.

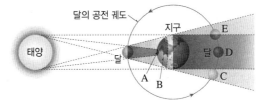

(1) 일식과 월식이 일어날 때 달의 위상을 순서대로 쓰시오.

_____

(2) A, B에서 관측할 수 있는 현상을 순서대로 서술하시오.

_____

_____

(3) A~E 중 개기 월식이 일어나는 곳과 부분 월식이 일어나는 곳의 위치를 순서대로 쓰시오.

_____

(4) 일식과 월식의 지속 시간을 비교하고, 그 까닭을 지구와 달의 크기와 관련지어 서술하시오.

_____

_____

03 태양계의 구성

01 그림은 수성의 표면을 나타낸 것이다.

이와 같이 수성의 표면에서 운석 구덩이가 많이 발견되는 까닭을 제시된 단어를 모두 사용하여 서술하시오.

> 물, 대기, 풍화 작용

_____

02 오른쪽 그림은 어떤 태양계 행성의 모습이다. 이 행성의 이름을 쓰고, 특징을 두 가지 서술하시오.

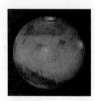

_____

03 그래프는 태양계 행성을 질량과 반지름에 따라 두 집단으로 분류한 것이다.

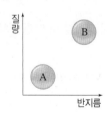

(1) A와 B 집단의 이름을 쓰고, 각각에 속하는 행성을 서술하시오.

_____

(2) A 집단의 공통적인 특징을 질량과 반지름을 제외하고 두 가지만 서술하시오.

_____

04 태양의 광구에 나타나는 검은 점의 이름을 쓰고, 어둡게 보이는 까닭을 서술하시오.

_____

05 지구에서 볼 때 흑점의 이동 방향을 쓰고, 이를 통해 알 수 있는 사실을 서술하시오.

_____

06 그래프는 태양 표면에서 관측되는 흑점 수의 변화를 나타낸 것이다.

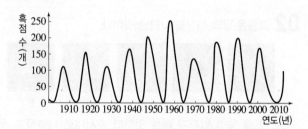

흑점 수가 많을 때 지구에서 나타나는 현상을 두 가지만 서술하시오.

_____

07 그림은 천체 망원경을 나타낸 것이다.

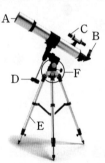

A~F 중 대물렌즈와 접안렌즈의 기호를 순서대로 쓰고, 각각의 역할을 서술하시오.

_____

01 광합성

01 그림과 같이 햇빛이 잘 비치는 곳에 둔 검정말과 어둠상자에 둔 검정말을 각각 에탄올에 넣고 물중탕한 다음 잎을 떼어 아이오딘−아이오딘화 칼륨 용액을 떨어뜨리고 현미경으로 관찰하였다.

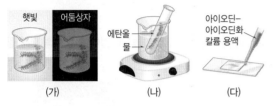

(1) (가)~(다) 중 잎을 탈색하기 위해 수행하는 과정을 쓰시오.

(2) 햇빛에 둔 검정말(A)과 어둠상자에 둔 검정말(B) 중 (다) 과정에서 엽록체가 청람색으로 변하는 경우를 쓰시오.

(3) 이 실험을 통해 알 수 있는 사실을 다음 단어를 모두 포함하여 서술하시오.

> 엽록체, 광합성, 녹말

02 오른쪽 그림과 같이 장치하여 햇빛이 잘 비치는 곳에 두면 고무관에 검정말의 광합성으로 발생한 기체가 모인다.

(1) 고무관에 모인 기체는 무엇인지 쓰시오.

(2) (1)의 기체를 확인하는 방법을 기체의 성질과 관련지어 서술하시오.

03 오른쪽 그림을 보고 이산화 탄소의 농도와 광합성량의 관계를 서술하시오.

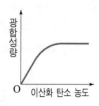

04 그림과 같이 시금치 잎 조각을 탄산수소 나트륨 수용액이 담긴 비커에 넣고 전등이 켜진 개수를 늘리면서 잎 조각이 모두 떠오르는 데 걸리는 시간을 측정하였다.

(1) 탄산수소 나트륨 수용액을 사용하는 까닭을 서술하시오.

(2) 잎 조각이 떠오르는 까닭을 서술하시오.

(3) 전등이 켜진 개수가 늘어날 때 잎 조각이 모두 떠오르는 데 걸리는 시간은 어떻게 변하는지 서술하시오.(단, 광합성량이 일정해지기 전까지에 대해 서술한다.)

05 증산 작용이 잘 일어나는 조건을 다음 단어를 모두 포함하여 서술하시오.

> 햇빛, 온도, 습도, 바람

02 식물의 호흡

01 그림과 같이 페트병 2개 중 한 개에만 시금치를 넣고 밀봉하여 어두운 곳에 두었다가 각 페트병 속의 공기를 석회수에 통과시켰다.

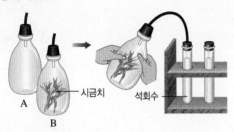

(1) 페트병 B의 공기를 석회수에 통과시켰을 때 일어나는 현상을 서술하시오.

_____

_____

(2) (1)과 같은 현상이 일어난 까닭을 다음 내용을 모두 포함하여 서술하시오.

> • 빛의 유무와 시금치에서 일어난 작용
> • 작용 결과 발생한 기체의 종류

_____

_____

02 초록색 BTB 용액을 4개의 시험관에 나누어 넣고, 시험관 A에는 입김을 불어넣어 노란색으로 만든 후 그림과 같이 장치하여 햇빛이 잘 비치는 곳에 두었다.

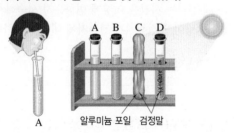

(1) (가) 광합성이 일어나는 시험관과 (나) 호흡이 일어나는 시험관의 기호를 모두 쓰시오.

_____

(2) (1)과 같이 생각한 까닭을 빛의 유무와 관련지어 서술하시오.

_____

03 광합성과 호흡은 각각 어떤 세포에서 일어나는지 서술하시오.

_____

_____

04 그림은 식물에서 낮과 밤에 일어나는 기체 교환을 나타낸 것이다.

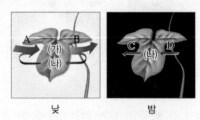

낮   밤

(1) (가)와 (나)에 해당하는 식물의 작용을 쓰시오.

_____

(2) A~D에 해당하는 기체의 이름을 쓰시오.

_____

(3) 낮과 밤에 일어나는 식물의 기체 교환을 식물의 작용과 관련지어 서술하시오.

_____

_____

05 다음은 광합성으로 만들어진 양분의 이동에 대한 설명이다.

> 식물 잎의 엽록체에서 광합성으로 만들어진 포도당은 잎에서 사용되거나 일부가 A로 바뀌어 저장된다. A는 물에 잘 녹지 않기 때문에 주로 물에 잘 녹는 B로 바뀌어 밤에 (가)를 통해 식물의 각 기관으로 운반된다.

(1) A, B, (가)에 해당하는 말을 쓰시오.

_____

(2) 각 기관으로 운반된 양분이 식물에서 어떻게 사용되는지 한 가지만 서술하시오.

_____

15개정 교육과정

내공의 힘

핵심만 빠르게~ 단기간에
내신 공부의 힘을 키운다

정답과
해설

중등 과학
2·1

visang

pioNada

VISANQ

피어나다를 하면서 아이가 공부의
필요를 인식하고 플랜도 바꿔가며
실천하는 모습을 보게 되어 만족합니다.
제가 직장 맘이라 정보가 부족했는데,
코치님을 통해 아이에 맞춘 피드백과
정보를 듣고 있어서 큰 도움이 됩니다.

– 조○관 회원 학부모님

공부 습관에도
진단과 처방이
필수입니다

초4부터 중등까지는 공부 습관이 피어날 최적의 시기입니다.

공부 마음을 망치는 공부를 하고 있나요?
성공 습관을 무시한 공부를 하고 있나요?
더 이상 이제 그만!

지금은 피어나다와 함께 사춘기 공부 그릇을 키워야 할 때입니다.

강점코칭 무료체험

바로 지금,
마음 성장 기반 학습 코칭 서비스, **피어나다®**로
공부 생명력을 피어나게 해보세요.

상담
문의 **1833-3124**

www.pionada.com

공부 생명력이
pioNada

일주일 단 1시간으로 심리 상담부터 학습 코칭까지 한번에!

상위권 공부 전략 체화 시스템	**공부력 향상 심리 솔루션**	**온택트 모둠 코칭**	**공인된 진단 검사**
공부 마인드 정착 및 자기주도적 공부 습관 완성	마음·공부·성공 습관 형성을 통한 마음 근력 강화 프로그램	주 1회 모둠 코칭 수업 및 상담과 특강 제공	서울대 교수진 감수 학습 콘텐츠와 한국심리학회 인증 진단 검사

정답과 해설

I 물질의 구성

01 원소

개념 확인하기 p. 9

1 (1) × (2) × (3) ○   2 원소   3 다시 타오른다   4 수소
5 원소   6 산소   7 빨간색, 청록색, 노란색, 황록색   8 같다
9 연속, 선   10 선

1 (1) 탈레스가 주장한 내용이다.
  (2) 아리스토텔레스가 주장한 내용이다.

3 물을 분해할 때 (+)극에서는 산소 기체가 발생한다.

7 금속 원소는 특정한 불꽃 반응 색을 나타낸다. → 염화 리튬 –
  빨간색, 염화 구리(Ⅱ) – 청록색, 질산 나트륨 – 노란색, 질산
  바륨 – 황록색

족집게 문제 p. 10~13

1 ⑤   2 ②   3 ③   4 ④   5 ⑤   6 ③   7 ②   8 ④
9 ②   10 ⑤   11 ④   12 ③   13 ①, ⑤   14 ⑤   15 ④
16 ④   17 ②, ⑤   18 ④, ⑤   19 ④   20 ②   21 ④
[서술형 문제 22~24] 해설 참조

1 라부아지에는 물 분해 실험을 통해 아리스토텔레스의 주장이
  옳지 않음을 증명하였다.
  ㄱ. 라부아지에의 물 분해 실험이다.

2 수산화 나트륨을 조금 녹인 물을 전기 분해 실험 장치에 넣고
  전원을 연결하면 물이 분해되어 (+)극에서 산소 기체, (−)극
  에서 수소 기체가 발생한다.
  ② (+)극에서 발생하는 산소 기체의 부피는 (−)극에서 발생
  하는 수소 기체의 부피보다 작다.

3 원소는 더 이상 분해되지 않으면서 물질을 이루는 기본 성분
  으로, 현재까지 알려진 원소는 모두 120여 가지이다.
  ③ 원소들이 결합하여 생성할 수 있는 물질의 종류는 수없이
  많으므로 물질의 종류가 원소의 종류보다 많다.

4 ㄱ. 물은 수소와 산소로 이루어진 물질이다.
  ㄹ. 소금은 나트륨과 염소로 이루어진 물질이다.
  ㅁ. 설탕은 탄소, 수소, 산소로 이루어진 물질이다.
  ㅇ. 이산화 탄소는 탄소와 산소로 이루어진 물질이다.

5 ⑤ 물질의 연소나 생물의 호흡에 이용되는 원소는 산소이다.
  수소는 가장 가벼운 원소로, 우주 왕복선의 연료로 이용된다.

6 ③ 불꽃 반응 실험으로는 특정한 불꽃 반응 색이 나타나는 일
  부 금속 원소의 종류를 구별할 수 있을 뿐, 모든 원소를 구별
  할 수 있는 것은 아니다.
  ⑤ 리튬과 스트론튬은 불꽃 반응 색이 빨간색으로 비슷하므로
  불꽃 반응 색으로 구별하기 어렵다.

7 칼륨의 불꽃 반응 색은 보라색, 나트륨의 불꽃 반응 색은 노란
  색, 구리의 불꽃 반응 색은 청록색, 칼슘의 불꽃 반응 색은 주
  황색이다.
  ② 빨간색을 관찰하려면 리튬 또는 스트론튬이 포함된 물질이
  있어야 한다.

8 ④ 구리를 포함하는 물질인 염화 구리(Ⅱ)와 질산 구리(Ⅱ)의
  불꽃 반응 색은 청록색으로 같다.

9 ①, ② 염화 스트론튬과 질산 스트론튬의 불꽃 반응 색이 모
  두 빨간색인 것으로 보아 두 물질에 공통적으로 들어 있는 스
  트론튬의 불꽃 반응 색이 빨간색인 것을 알 수 있다. 따라서
  염소는 불꽃 반응 색을 나타내지 않으므로 염화 바륨에서 황
  록색을 나타내는 것은 바륨이다.
  ③ 황산 구리(Ⅱ)의 불꽃 반응 색은 구리에 의해 청록색을 나
  타낸다.
  ④ 물질의 불꽃 반응 색은 스트론튬, 바륨, 구리에 의해 나타
  나며, 이들은 모두 금속 원소이다.
  ⑤ 염화 칼륨과 질산 칼륨은 공통적으로 칼륨을 포함하므로
  보라색의 불꽃 반응 색이 나타난다.

10 ③ 불꽃 반응 색이 비슷해도 원소의 종류가 다르면 스펙트럼
   에서 선의 위치와 색깔이 다르게 나타난다.
   ⑤ 물질 속에 여러 가지 금속 원소가 섞여 있는 경우 각 원소의
   선 스펙트럼이 모두 나타나므로 원소의 종류를 확인할 수
   있다.

11 ④ 물질에 여러 가지 금속 원소가 섞여 있는 경우 각 원소의
   스펙트럼이 모두 합쳐져서 나타난다. 따라서 물질 X에 포함된
   원소는 리튬과 칼슘이다.

12 ㄱ. 물질은 4가지의 기본 성분으로 이루어져 있으며, 이들을
   조합하면 여러 가지 물질을 만들 수 있다고 주장한 학자는 아
   리스토텔레스이다.
   ㄴ. 물질의 근원은 물이라고 주장한 학자는 탈레스이다.

13 ① 물은 수소와 산소로 이루어진 물질이다.
   ②, ③, ④ 질소, 탄소, 헬륨은 더 이상 분해되지 않으면서 물
   질을 이루는 기본 성분인 원소이다.
   ⑤ 공기는 질소, 산소, 아르곤 등으로 이루어진 물질이다.

14 ⑤ 나트륨은 노란색의 불꽃 반응 색을 나타내므로, 국 속에는
   나트륨 원소가 포함되어 있다.

15 ① 불꽃 반응 실험으로는 일부 금속 원소를 확인할 수 있다.
   ② 시료를 묻힌 니크롬선을 겉불꽃에 넣어 색을 관찰한다. 그
   까닭은 겉불꽃은 온도가 매우 높고 무색이므로 불꽃 반응 색
   을 관찰하기 좋기 때문이다.
   ③ 시료의 양이 적어도 불꽃 반응 색을 확인할 수 있다.
   ⑤ 시료의 종류가 달라도 같은 금속 원소를 포함하면 같은 불
   꽃 반응 색이 나타난다.

16 ④ 스트론튬과 리튬은 불꽃 반응 색이 둘 다 빨간색이므로 불
   꽃 반응 색으로 구별할 수 없다. 따라서 선 스펙트럼을 이용하
   여 구별한다.

채점 기준	배점
물질 (가)에 포함된 원소를 모두 고르고, 그 까닭을 옳게 서술한 경우	100 %
물질 (가)에 포함된 원소만 옳게 고른 경우	50 %

17 ① 불꽃 반응 색이 다르면 금속 원소의 종류가 다르므로 선 스펙트럼은 같을 수 없다.
② 선 스펙트럼은 원소의 종류에 따라 선의 개수, 위치, 색깔, 굵기가 다르다.
③, ④, ⑤ 물질 A와 물질 B는 공통적으로 원소 (다)를 포함하며, 원소 (가)와 (나)는 포함하지 않는다.

18 ①, ②, ③ 물은 수소와 산소, 소금은 나트륨과 염소, 설탕은 탄소, 수소, 산소로 이루어진 물질이다.
④, ⑤ 다이아몬드는 탄소, 알루미늄 포일은 알루미늄으로 이루어진 물질이다.

19 (가)는 수소, (나)는 질소의 이용에 대한 설명이다.

20 ② 주황색이 어떤 원소의 불꽃 반응 색인지 알기 위해서는 염소와 칼슘이 각각 포함된 물질의 불꽃 반응 색을 확인하여 어떤 원소의 영향인지를 찾으면 된다.

21 (가)는 햇빛을 분광기로 관찰할 때 나타나는 연속 스펙트럼이며, (나)는 금속 원소의 불꽃을 분광기로 관찰할 때 나타나는 선 스펙트럼이다.
④ 금속 원소의 종류에 따라 선의 색깔, 개수, 위치 등이 다르게 나타나는 것은 선 스펙트럼인 (나)이다.
⑤ 불꽃 반응 색이 비슷해도 서로 다른 원소라면 선 스펙트럼이 다르게 나타난다.

서술형 문제

22 | 모범 답안 | 물은 원소가 아니다.
| 해설 | 라부아지에의 실험 결과 물은 수소와 산소로 분해되었다. 원소는 더 이상 분해되지 않는 물질의 기본 성분이므로, 물은 원소가 아님을 알 수 있다.

채점 기준	배점
물이 원소가 아니라고 서술한 경우	100 %
그 외의 경우	0 %

23 | 모범 답안 | 염화 칼륨과 황산 칼륨, 물질의 불꽃 반응 색은 금속 원소에 의해 나타나므로 공통적으로 칼륨을 포함하는 염화 칼륨과 황산 칼륨의 불꽃 반응 색이 보라색으로 같게 나타난다.
| 해설 | 염화 나트륨의 불꽃 반응 색은 노란색, 황산 칼슘의 불꽃 반응 색은 주황색이다.

채점 기준	배점
같은 불꽃 반응 색이 나타나는 물질을 모두 고르고, 그 까닭을 칼륨과 불꽃 반응 색을 이용하여 옳게 서술한 경우	100 %
같은 불꽃 반응 색이 나타나는 물질을 모두 고르고, 그 까닭을 칼륨 또는 불꽃 반응 색 중 한 가지만 이용하여 서술한 경우	70 %
같은 불꽃 반응 색이 나타나는 물질만 옳게 고른 경우	50 %

24 | 모범 답안 | 원소 A와 C, 원소 A와 C의 선 스펙트럼이 물질 (가)의 선 스펙트럼에 그대로 나타나기 때문이다.
| 해설 | 물질에 여러 가지 금속 원소가 섞여 있는 경우 각 원소의 스펙트럼이 모두 합쳐져서 나타난다.

02 원자와 분자

개념 확인하기 p. 15

1 원자 **2** (＋), (－) **3** 원자핵, 전자 **4** ＋4, 4 **5** 분자
6 (1) ○ (2) × **7** 대문자, 소문자 **8** ㉠ C, ㉡ F, ㉢ 나트륨, ㉣ N, ㉤ Al, ㉥ 칼륨 **9** 분자식 **10** (1) H_2 (2) H_2O (3) CO_2 (4) NH_3

6 (2) 분자가 원자로 나누어지면 물질의 성질을 잃는다.

족집게 문제 p. 16~17

1 ⑤ **2** ⑤ **3** ② **4** ⑤ **5** ③ **6** ③ **7** ④ **8** ②
9 ④ **10** ④ **11** ③ **12** ② **13** ⑤
[서술형 문제 14~15] 해설 참조

1 A는 (＋)전하를 띠는 원자핵으로, 원자의 중심에 위치하며 원자 질량의 대부분을 차지한다. B는 (－)전하를 띠는 전자로, 원자핵 주위를 움직이고 있다.
⑤ 원자핵과 전자의 크기는 원자의 크기에 비해 매우 작으므로 원자 내부는 대부분 빈 공간이다.

2 ⑤ 원자는 원자핵의 (＋)전하량과 전자의 총 (－)전하량이 같으므로 전기적으로 중성이다.

3 ② 전자의 수가 8개이므로 전자의 총 전하량은 (－1)×8개 ＝－8이다.
⑤ 원자핵의 전하량은 ＋8이고, 전자의 총 전하량은 －8이므로 원자핵과 전자의 전하의 총합은 0이다.

4 ⑤ 같은 종류의 원자로 이루어져 있어도 원자의 수가 달라지면 서로 다른 물질이다.

5 ③, ④ 원소 기호는 원소 이름의 알파벳에서 첫 글자 또는 첫 글자와 중간 글자 하나를 택하여 함께 나타내며, 이때 첫 글자는 반드시 대문자로 나타내고 두 번째 글자는 소문자로 나타낸다.

6 ③ 헬륨의 원소 기호는 He이고, Hg는 수은의 원소 기호이다.

7 ④ 암모니아 분자 1개는 총 4개의 원자(질소 원자 1개, 수소 원자 3개)로 이루어져 있다.

8

구분	분자를 구성하는 원자 수	모형
① CO_2	탄소 원자 1개 산소 원자 2개	
③ NH_3	질소 원자 1개 수소 원자 3개	
④ H_2O_2	수소 원자 2개 산소 원자 2개	
⑤ CH_4	탄소 원자 1개 수소 원자 4개	

9 ④ 원자는 원자핵과 전자로 이루어져 있으며, 전자는 질량이 매우 작으므로 원자핵의 질량이 원자 질량의 대부분을 차지한다.
⑤ 원자는 원자핵의 (+)전하량과 전자의 총 (−)전하량이 같으므로 전기적으로 중성이다.

10 원소는 물질을 이루는 기본 성분이고, 원자는 물질을 이루는 기본 입자이다. 따라서 이산화 탄소를 이루는 성분 원소는 탄소와 산소이고, 물 분자는 수소 원자 2개와 산소 원자 1개로 이루어져 있다.

11

원소 이름	원소 기호	원소 이름	원소 기호
리튬	Li	플루오린	①(F)
②(헬륨)	He	나트륨	③(Na)
④(염소)	Cl	철	⑤(Fe)

12 ② 물의 분자식은 H_2O이고, H_2O_2는 과산화 수소의 분자식이다.

13 ① (가)와 (나)는 독립된 입자로 존재하며, 물질의 성질을 나타내는 가장 작은 입자이다.
③ (가)는 산소 원자 2개가 결합하여 만들어진 산소 분자이다.
④ (나)는 산소 원자 1개와 수소 원자 2개가 결합하여 만들어진 물 분자이다.
⑤ (가)를 이루는 원자의 종류는 산소 1가지이고, (나)를 이루는 원자의 종류는 수소와 산소 2가지이다.

서술형 문제

14 | 모범 답안 | (1) 리튬 : 3개, 탄소 : 6개, 산소 : 8개
(2) 원자핵의 (+)전하량과 전자의 총 (−)전하량이 같기 때문이다.
| 해설 | (2) 전자의 총 (−)전하량은 리튬 (−1)×3개=−3, 탄소 (−1)×6개=−6, 산소 (−1)×8개=−8이다. 따라서 원자핵의 (+)전하량과 전자의 총 (−)전하량이 같음을 알 수 있다.

	채점 기준	배점
(1)	각 원자가 가지고 있는 전자의 수를 모두 옳게 쓴 경우	50 %
(2)	각 원자가 전기적으로 중성인 까닭을 옳게 서술한 경우	50 %

15 | 모범 답안 | (1) (가) CO, (나) CO_2
(2) (가)와 (나)는 원자의 개수가 다르기 때문이다.

	채점 기준	배점
(1)	(가)와 (나)를 분자식으로 옳게 나타낸 경우	50 %
(2)	(가)와 (나)가 다른 물질인 까닭을 옳게 서술한 경우	50 %

03 이온

개념 확인하기
p. 19

1 이온 **2** 적어 **3** 전자, 전하 **4** (1) 수소 이온 (2) Ca^{2+}
(3) F^- (4) 황화 이온 **5** (1) (+) (2) (+) (3) (−) (4) (+)
6 양금 **7** (1) − ⓛ (2) − ⓐ **8** (1) ○ (2) × (3) ○ **9** (1)
흰색 (2) 검은색 (3) 흰색 (4) 노란색 **10** 염화 은($AgCl$)

8 (1) 황산 바륨($BaSO_4$)의 흰색 앙금이 생성된다.
(2) 칼륨 이온(K^+)이나 질산 이온(NO_3^-)은 앙금을 잘 생성하지 않는다.
(3) 황화 구리(Ⅱ)(CuS)의 검은색 앙금이 생성된다.

족집게 문제
p. 20~23

1 ④ **2** ② **3** ④ **4** ⑤ **5** ⑤ **6** ④ **7** ④ **8** ⑤
9 ⑤ **10** ② **11** ④ **12** ③ **13** ② **14** ② **15** ②
16 ⑤ **17** ② **18** ④ **19** ②, ⑤ **20** ②
[서술형 문제 21~23] 해설 참조

1 ④ 원자는 원자핵의 (+)전하량과 전자의 총 (−)전하량이 같으므로 전기적으로 중성이다. 하지만 이온은 전자를 잃거나 얻어 전하를 띠므로 (+)전하량과 (−)전하량이 다르다.

2 원자 A는 전자 1개를 얻어 음이온이 되고, 원자 B는 전자 2개를 잃어 양이온이 된다.
・A + ⊖ ⟶ A⁻
・B ⟶ B^{2+} + 2⊖
② A 이온은 음이온이므로 원자핵의 (+)전하량이 전자의 총 (−)전하량보다 적다.

3 ① 음이온이므로 (−)전하를 띤다.
② 음이온은 원소의 이름 뒤에 '～화 이온'을 붙여서 읽고, 이름이 '～소'로 끝나는 경우에는 '소'를 생략하고 '～화 이온'을 붙여서 읽는다. ➡ 산화 이온
③ 산화 이온은 산소 원자가 전자 2개를 얻어 형성된다.
⑤ 산화 이온은 산소 원자가 전자 2개를 얻어 형성되므로 원자핵의 (+)전하량이 전자의 총 (−)전하량보다 적다.

4 ⑤ (가)는 원자핵의 (+)전하량이 전자의 총 (−)전하량보다 많으므로 (+)전하를 띠고, (나)는 원자핵의 (+)전하량보다 전자의 총 (−)전하량이 많으므로 (−)전하를 띤다.

5 양이온은 원소의 이름 뒤에 '~ 이온'을 붙여서 읽고, 음이온은 이름 뒤에 '~화 이온'을 붙여서 읽는다. 단, 음이온의 경우 '~소'로 끝나면 '소'를 생략하고 '~화 이온'을 붙여서 읽는다.
① S^{2-} : 황화 이온　② O^{2-} : 산화 이온
③ Cl^- : 염화 이온　④ Na^+ : 나트륨 이온

6 ④ 이온이 들어 있는 수용액에 전원을 연결하면 (+)전하를 띠는 양이온은 (−)극으로, (−)전하를 띠는 음이온은 (+)극으로 이동하므로 전류가 흐른다.

7 ① 파란색은 구리 이온(Cu^{2+})이므로 (−)극으로 이동한다.
② 보라색은 과망가니즈산 이온(MnO_4^-)이므로 (+)극으로 이동한다.
④ 칼륨 이온(K^+)은 (−)극으로, 질산 이온(NO_3^-)은 (+)극으로 이동하지만 색깔을 띠지 않으므로 눈에 보이지 않는다.

8 ⑤ 혼합 용액에는 반응하지 않은 나트륨 이온과 질산 이온이 있으므로 전원을 연결하면 전류가 흐른다.

9 ① 질산 은 + 염화 나트륨 ➡ 염화 은(AgCl) 생성
② 탄산 나트륨 + 질산 칼슘 ➡ 탄산 칼슘($CaCO_3$) 생성
③ 염화 바륨 + 황산 나트륨 ➡ 황산 바륨($BaSO_4$) 생성
④ 질산 납 + 아이오딘화 칼륨 ➡ 아이오딘화 납(PbI_2) 생성

10 ② (가)의 은 이온(Ag^+)과 염화 이온(Cl^-)이 반응하여 흰색 앙금인 염화 은(AgCl)을 생성하고, (나)의 칼슘 이온(Ca^{2+})과 탄산 이온(CO_3^{2-})이 반응하여 흰색 앙금인 탄산 칼슘($CaCO_3$)을 생성한다.

11 ④ 보라색의 불꽃 반응 색을 나타내는 이온은 칼륨 이온(K^+)이고, 염화 이온(Cl^-)은 은 이온(Ag^+)과 반응하여 흰색 앙금을 생성한다. 따라서 물질 A는 염화 칼륨(KCl)이다.

12 이 모형은 원자가 전자 1개를 잃어 +1의 양이온이 되는 과정이다.
① 전자 1개를 얻어 −1의 음이온이 된다.
② 전자 2개를 얻어 −2의 음이온이 된다.
③ 전자 1개를 잃어 +1의 양이온이 된다.
④, ⑤ 전자 2개를 잃어 +2의 양이온이 된다.

13 전자를 잃어 형성되는 이온은 양이온이고, 양이온 중에서 원소 기호의 오른쪽 위의 숫자가 클수록 전자를 많이 잃어 형성된 이온이다.
① H^+ : 전자 1개 잃음　② Al^{3+} : 전자 3개 잃음
③ O^{2-} : 전자 2개 얻음　④ Cl^- : 전자 1개 얻음
⑤ Mg^{2+} : 전자 2개 잃음

14 ① 염화 은(AgCl) – 흰색
③ 황화 구리(Ⅱ)(CuS) – 검은색
④ 아이오딘화 납(PbI_2) – 노란색
⑤ 탄산 칼슘($CaCO_3$) – 흰색

15 ・앙금 (가) : 은 이온(Ag^+)은 염화 이온(Cl^-)과 반응하여 흰색 앙금인 염화 은(AgCl)을 생성한다.
・앙금 (나) : 바륨 이온(Ba^{2+})은 황산 이온(SO_4^{2-})과 반응하여 흰색 앙금인 황산 바륨($BaSO_4$)을 생성한다.

16 ⑤ 납 이온(Pb^{2+})은 아이오딘화 이온(I^-)과 반응하여 노란색 앙금인 아이오딘화 납(PbI_2)을 생성한다.

17 ① $Cu \longrightarrow Cu^{2+} + 2\ominus$　③ $Na \longrightarrow Na^+ + \ominus$
④ $S + 2\ominus \longrightarrow S^{2-}$　⑤ $Ca \longrightarrow Ca^{2+} + 2\ominus$

18 ㄴ. a는 (−)극으로 이동하므로 양이온인 나트륨 이온(Na^+), b는 (+)극으로 이동하므로 음이온인 염화 이온(Cl^-)이다.
ㄹ. 설탕은 물에 녹아도 이온으로 나누어지지 않으므로 설탕 수용액은 전류가 흐르지 않는다.

19 ②, ⑤ 염화 이온(Cl^-)은 은 이온(Ag^+)과 반응하여 흰색 앙금인 염화 은(AgCl), 칼슘 이온(Ca^{2+})은 탄산 이온(CO_3^{2-})과 반응하여 흰색 앙금인 탄산 칼슘($CaCO_3$)을 생성한다.

20 ㄱ. 칼슘 이온(Ca^{2+})의 불꽃 반응 색은 주황색이고, 칼륨 이온(K^+)의 불꽃 반응 색은 보라색이다.
ㄴ. 두 수용액 모두 전류가 흐른다.
ㄷ. 두 물질의 수용액에 염화 바륨 수용액을 떨어뜨리면 질산 칼륨 수용액은 앙금을 생성하지 않고, 황산 칼륨 수용액은 흰색 앙금인 황산 바륨($BaSO_4$)을 생성한다.
ㄹ. 두 수용액 모두 앙금이 생성되지 않는다.

서술형 문제

21 | 모범 답안 | 원자가 전자를 잃으면 양이온이 되고, 원자가 전자를 얻으면 음이온이 된다.

채점 기준	배점
원자가 이온이 되는 과정을 제시된 용어를 모두 포함하여 서술한 경우	100 %
용어를 한 가지라도 포함하지 않은 경우	0 %

22 | 모범 답안 | (1) A : 염화 나트륨 수용액, B : 염화 칼슘 수용액, C : 질산 칼슘 수용액
(2) (가) $Ag^+ + Cl^- \longrightarrow AgCl\downarrow$
(나) $Ca^{2+} + CO_3^{2-} \longrightarrow CaCO_3\downarrow$
| 해설 | (1) ・질산 은 수용액의 은 이온(Ag^+)은 염화 이온(Cl^-)과 반응하여 흰색 앙금을 생성하므로 A와 B는 염화 이온(Cl^-)을 포함한다. ➡ 염화 나트륨, 염화 칼슘
・탄산 나트륨 수용액의 탄산 이온(CO_3^{2-})은 칼슘 이온(Ca^{2+})과 반응하여 흰색 앙금을 생성하므로 B와 C는 칼슘 이온(Ca^{2+})을 포함한다. ➡ 염화 칼슘, 질산 칼슘
따라서 A는 염화 나트륨 수용액, B는 염화 칼슘 수용액, C는 질산 칼슘 수용액이다.

	채점 기준	배점
(1)	물질을 모두 옳게 쓴 경우	50 %
(2)	앙금 생성 반응을 모두 식으로 옳게 나타낸 경우	50 %
	앙금 생성 반응을 한 가지만 식으로 옳게 나타낸 경우	25 %

23 | 모범 답안 | 아이오딘화 이온(I^-)이 (+)극으로 이동하고, 납 이온(Pb^{2+})이 (−)극으로 이동하여 서로 만나 노란색 앙금인 아이오딘화 납(PbI_2)이 생성된다.

채점 기준	배점
이온의 이동 방향과 앙금의 생성으로 옳게 서술한 경우	100 %
둘 중 한 가지로만 서술한 경우	50 %

01 전기의 발생

개념 확인하기
p. 25

1 (1) – ㉡ (2) – ㉠ (3) – ㉢ **2** 마찰 전기, 정전기 **3** (1) ○ (2) × (3) ○ **4** (1) (+) (2) (−) **5** 전기력 **6** 척력, 인력 **7** 정전기 유도 **8** (−) **9** B, C **10** (+), (−)

3 (2) 마찰 후 전자를 얻은 물체는 (−)전하의 양이 (+)전하의 양보다 많아지므로 (−)전하로 대전되고, 전자를 잃은 물체는 (−)전하의 양이 (+)전하의 양보다 적어지므로 (+)전하로 대전된다.

4 털가죽과 플라스틱 막대를 마찰하면 털가죽에서 플라스틱 막대로 전자가 이동한다. 따라서 전자를 잃은 털가죽은 (+)전하, 전자를 얻은 플라스틱 막대는 (−)전하로 대전된다.

8 알루미늄 캔에 대전체를 가까이 하면 정전기 유도에 의해 캔에서 대전체와 가까운 쪽이 대전체와 다른 종류의 전하로 대전되어 인력이 작용하므로 알루미늄 캔이 대전체 쪽으로 끌려온다.

10 검전기의 금속판은 대전체와 가까운 쪽이므로 대전체와 다른 전하인 (+)전하로 대전되고, 금속박은 대전체와 먼 쪽이므로 대전체와 같은 전하인 (−)전하로 대전된다.

족집게 문제
p. 26~29

1 ④ **2** ④ **3** ③ **4** ③ **5** ④ **6** ③ **7** ④ **8** (나)
9 ① **10** ④ **11** ④ **12** ③ **13** ① **14** ① **15** ①
16 ④ **17** ② **18** ③ [서술형 문제 19~22] 해설 참조

1 두 물체가 마찰할 때 전자가 한 물체에서 다른 물체로 이동하므로 마찰한 두 물체는 다른 전하로 대전된다.

2 ① 털가죽은 전자를 잃어 (+)전하로 대전된다.
② 플라스틱 막대는 전자를 얻어 (−)전하로 대전된다.
③ 플라스틱보다 털가죽이 전자를 잃기 더 쉬우므로, 두 물체를 마찰하면 털가죽에서 플라스틱 막대로 전자가 이동한다.
④ 마찰하는 과정에서 원자핵은 무거워서 이동하지 못하고 전자가 이동한다.
⑤ 서로 다른 두 물체를 마찰하면 서로 다른 전하로 대전되므로, 두 물체 사이에는 인력이 작용하여 서로 끌어당긴다.

3 ③ 자석에 클립과 같은 쇠붙이가 달라붙는 것은 자기력에 의한 현상이다.

4 A와 B 사이에는 인력, B와 C 사이에는 척력이 작용하므로 A와 B는 다른 전하를 띠고 B와 C는 같은 전하를 띤다. 따라서 B와 C는 (−)전하를 띤다.

5 (+)대전체에 의해 금속 막대의 전자가 인력을 받아 B에서 A로 이동한다. 따라서 (+)대전체와 가까운 A는 (−)전하로 대전되고, 먼 B는 (+)전하로 대전된다.

6 정전기 유도 현상에 의해 (−)대전체인 플라스틱 막대와 가까운 쪽은 (+)전하, 먼 쪽은 (−)전하로 대전된다. 이때 은박 구와 플라스틱 막대 사이에는 인력이 작용하여 은박 구는 오른쪽으로 기울어진다.

7 (+)대전체에 의해 알루미늄 캔에서 A에 있던 전자가 B로 이동하여 (+)대전체와 가까운 B는 (−)전하, 먼 A는 (+)전하로 대전된다. 이때 (+)전하는 이동하지 않는다.

8 알루미늄 캔 내부의 전자가 (+)대전체와 가까운 B에 모여 B는 (−)전하로 대전된다. 따라서 알루미늄 캔과 대전체 사이에는 인력이 작용하여 (나) 방향으로 움직인다.

9 ①, ②, ④ 정전기 유도에 의해 금속박 구와 금속 막대 사이에는 인력이 작용하여 금속박 구는 왼쪽으로 움직인다.
③ 플라스틱 막대를 털가죽으로 마찰하면 (−)전하로 대전된다. (−)대전체인 플라스틱 막대에 의해 금속 막대에서 전자는 (가) → (나) 방향으로 이동한다.
⑤ 정전기 유도에 의해 (−)대전체인 플라스틱 막대와 가까운 (가)는 (+)전하, 먼 (나)는 (−)전하로 대전된다.

10 ①, ② 검전기는 정전기 유도 현상을 이용하여 물체가 대전되었는지 알아보는 도구이다.
③, ④, ⑤ 검전기를 이용하면 대전체가 띠는 전하의 종류와 전하의 양은 비교할 수 있지만 전자의 수는 알 수 없다.

11 정전기 유도에 의해 금속판은 대전체와 다른 종류의 전하, 금속박은 대전체와 같은 종류의 전하가 유도된다.

12 물체 B에서 A로 전자가 이동하여 A는 (−)전하, B는 (+)전하로 대전되었다.

13 ①, ③ 고무풍선은 전자를 얻어 (−)전하의 양이 많아졌으므로 (−)전하를 띤다.
② 두 물체가 마찰할 때 원자핵은 이동하지 않으므로 고무풍선과 고양이 털의 (+)전하의 양은 변화가 없다.
④ 고양이 털은 전자를 잃어 (−)전하의 양보다 (+)전하의 양이 많다.
⑤ 고양이 털에서 고무풍선으로 전자가 이동하므로 고무풍선은 (−)전하의 양이 (+)전하의 양보다 많아서 (−)전하로 대전되고, 고양이 털은 (−)전하의 양이 (+)전하의 양보다 적어서 (+)전하로 대전된다.

14 두 고무풍선을 각각 털가죽으로 문지르면 모두 (−)전하로 대전되어 같은 전하를 띠므로 서로 밀어낸다.

15 ① 머리카락이 플라스틱 빗에 달라붙는 것은 마찰 전기에 의한 현상이다.

16 대전체와 가까운 A는 (−)전하, 대전체와 먼 B는 (+)전하로 대전되어 두 은박 구 사이에는 인력이 작용한다.

17 (−)로 대전된 플라스틱 자를 전체가 (−)전하로 대전된 검전기의 금속판에 가까이 하면 척력에 의해 금속판의 전자가 금속박으로 이동한다. 따라서 금속박의 (−)전하의 양이 증가하여 금속박은 더 벌어진다.

18 (가) : (−)대전체로부터 검전기 내부의 전자들이 척력을 받아 금속박 쪽으로 이동하므로 금속판은 (+)전하, 금속박은 (−)전하가 유도되어 금속박이 벌어진다.

(나) : (−)대전체로부터 척력을 받은 검전기 내부의 전자들이 손을 통해 검전기 밖으로 나간다. 금속박에 있던 전자의 수가 줄어들므로 금속박이 오므라든다.

(다) : 검전기 내부의 전자가 줄어든 상태로 대전체와 손을 멀리 하면 검전기는 전체적으로 (+)전하로 대전된다.

서술형 문제

19 | 모범 답안 | 마찰하는 동안 털가죽에서 플라스틱 막대로 전자가 이동하기 때문이다.

| 해설 | 전기를 띠지 않은 두 물체를 마찰하면 한 물체에서 다른 물체로 전자가 이동하여 물체가 전기를 띤다.

채점 기준	배점
털가죽에서 플라스틱 막대로 전자의 이동을 옳게 서술한 경우	100 %
전자가 이동하기 때문이라고만 서술한 경우	40 %

20 | 모범 답안 | 척력,

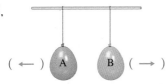

| 해설 | 두 고무풍선을 각각 털가죽으로 마찰하면 두 고무풍선은 같은 전하로 대전되므로 서로 밀어낸다.

채점 기준	배점
척력이라 쓰고, 고무풍선의 움직임을 화살표로 옳게 표시한 경우	100 %
고무풍선의 움직임만 화살표로 표시한 경우	50 %

21 | 모범 답안 | 정전기 유도에 의해 알루미늄 캔에서 플라스틱 막대와 가까운 곳이 플라스틱 막대와 다른 전하로 대전된다. 따라서 플라스틱 막대와 알루미늄 캔 사이에 인력(당기는 힘)이 작용하여 알루미늄 캔이 막대 쪽으로 움직인다.

| 해설 | 털가죽으로 마찰한 플라스틱 막대는 전기를 띠게 된다. 이 플라스틱 막대에 의해 알루미늄 캔에서 정전기 유도 현상이 나타난다.

채점 기준	배점
알루미늄 캔의 움직임과 그 까닭을 모두 옳게 서술한 경우	100 %
알루미늄 캔이 막대 쪽으로 움직인다고만 서술한 경우	30 %

22 | 모범 답안 | 금속박은 (+)전하로 대전되어 벌어진다.

| 해설 | 검전기에 대전체를 가까이 하면 금속판은 대전체와 다른 종류의 전하, 금속박은 대전체와 같은 종류의 전하가 유도된다.

채점 기준	배점
금속박이 띠는 전하의 종류와 움직임을 모두 옳게 서술한 경우	100 %
금속박이 (+)전하로 대전된다고만 쓴 경우	50 %
금속박이 벌어진다고만 쓴 경우	

02 전류, 전압, 저항

개념 확인하기 p. 31

1 (+) → (−), (−) → (+) **2** 전압, V(볼트) **3** (1) − ㉡ (2) − ㉠ (3) − ㉢ **4** 직렬, (+) **5** (가) 2.5 V, (나) 12.5 V, (다) 25 V **6** (1) × (2) ○ **7** 비례, 반비례, 옴의 법칙 **8** 0.3 A **9** (1) 병 (2) 직 (3) 병 **10** (1) ○ (2) ×

6 (1) 도선의 길이와 단면적이 같아도 물질마다 원자의 배열 상태가 달라 물질의 종류가 다르면 저항값도 다르다.

8 옴의 법칙에 의해 $I = \dfrac{V}{R} = \dfrac{3\,V}{10\,\Omega} = 0.3\,A$이다.

족집게 문제 p. 32~35

1 ③ **2** ①, ④ **3** ③ **4** ② **5** ① **6** ② **7** ④ **8** ③ **9** ① **10** ③, ④ **11** ⑤ **12** ⑤ **13** ④ **14** ④ **15** ② **16** ⑤ **17** ④ **18** (다) **19** (가) **20** ②

[서술형 문제 21~23] 해설 참조

1 A는 전지의 (−)극 → (+)극이므로 전자의 이동 방향이다. B는 전지의 (+)극 → (−)극이므로 전류의 방향이다.

2 ② (나)는 전자로, 전류의 방향과 반대 방향으로 이동한다.
③ 전자가 B → A로 이동하므로, A는 전지의 (+)극 쪽에 연결되어 있다.
⑤ 전류가 흐르지 않으면 원자인 (가)는 움직이지 않고, 전자인 (나)는 무질서하게 운동한다.

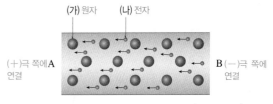

3 전류계의 (−)단자를 500 mA 단자에 연결하였으므로, 눈금판에서 전류의 최댓값이 500 mA인 눈금을 따라 읽는다. 따라서 전기 회로에 흐르는 전류의 세기는 100 mA = 0.1 A이다.

4 ② 수도관은 전선과 역할이 비슷하고, 스위치는 밸브와 역할이 비슷하다.

5 옴의 법칙에 의해 $I = \dfrac{V}{R} = \dfrac{3\,V}{20\,\Omega} = 0.15\,A$이다.

6 옴의 법칙에 의해 저항이 일정할 때 전류의 세기는 전압에 비례한다.

7 니크롬선에는 3 V의 전압이 걸릴 때 0.2 A의 전류가 흐른다. 따라서 옴의 법칙에 의해 $R = \dfrac{V}{I} = \dfrac{3\,V}{0.2\,A} = 15\,\Omega$이다.

8 ㄱ. 저항이 직렬로 연결된 경우 각 저항에는 전체 회로에 흐르는 전류의 세기와 같은 전류가 흐른다.
ㄴ. 각 저항에 흐르는 전류의 세기가 일정하므로 각 저항에 걸리는 전압은 저항에 비례한다.
ㄷ. 저항은 일정할 때 전압이 증가하면 전류의 세기도 같이 증가한다.

9 저항이 병렬로 연결된 경우 각 저항에는 전체 회로에 걸리는 전압과 같은 크기의 전압이 걸린다. 그러므로 각 니크롬선에 걸리는 전압의 비는 1 : 1 : 1이다.

10 ④ 가정에서 사용하는 전기 기구들은 병렬로 연결되어 있어 한 전기 기구의 스위치를 꺼도 나머지 전기 기구를 사용할 수 있다.

11 ⑤ 1 A는 1 Ω인 저항에 1 V의 전압을 걸어 줄 때 흐르는 전류의 세기이다.

12 ① 전기 회로에 전류계는 직렬, 전압계는 병렬로 연결한다.
② (+)단자와 (−)단자를 반대로 연결하면 바늘이 반대쪽으로 회전하여 값을 측정할 수 없다.
③ 측정값을 알 수 없을 때는 (−)단자 중 가장 큰 값의 단자부터 연결한다.
④ (+)단자는 전지의 (+)극 쪽에, (−)단자는 전지의 (−)극 쪽에 연결한다.
⑤ 전류계와 전압계 모두 회로에 연결하기 전 영점 조절 나사를 이용하여 영점을 조정한 후 사용한다.

13 전구에 전류계는 직렬, 전압계는 병렬로 연결해야 한다. 이때 (+)단자는 전원 장치의 (+)극, (−)단자는 전원 장치의 (−)극 쪽에 연결한다.

14 ④ 전기 저항은 도선의 길이에 비례하므로, 도선이 길어지면 전기 저항은 커진다.

15 ㉠ $I = \dfrac{V}{R} = \dfrac{3\text{ V}}{6\ \Omega} = 0.5\text{ A}$

㉡ $R = \dfrac{V}{I} = \dfrac{2\text{ V}}{1\text{ A}} = 2\ \Omega$

㉢ $V = IR = 10\text{ A} \times 20\ \Omega = 200\text{ V}$

16 저항이 병렬로 연결되어 있으므로 각 저항에는 전체 전압과 같은 전압이 걸린다. 따라서 2 Ω인 저항에 6 V가 걸리므로 전류의 세기 $I = \dfrac{V}{R} = \dfrac{6\text{ V}}{2\ \Omega} = 3\text{ A}$이다.

17 전류가 많이 흐르려면 저항의 크기가 작아야 한다.

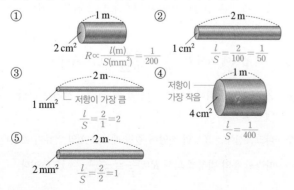

① $R \propto \dfrac{l(\text{m})}{S(\text{mm}^2)} = \dfrac{1}{200}$ ② $\dfrac{l}{S} = \dfrac{2}{100} = \dfrac{1}{50}$

③ $\dfrac{l}{S} = \dfrac{2}{1} = 2$ 저항이 가장 큼

④ $\dfrac{l}{S} = \dfrac{1}{400}$ 저항이 가장 작음

⑤ $\dfrac{l}{S} = \dfrac{2}{2} = 1$

18 그래프의 기울기$= \dfrac{전류}{전압} = \dfrac{1}{저항}$을 의미한다. 따라서 기울기가 가장 작은 (다)의 전기 저항이 가장 크다.

19 재질과 길이가 같을 때 단면적이 넓을수록 저항의 크기가 작다. 그래프의 기울기$= \dfrac{전류}{전압} = \dfrac{1}{저항}$을 의미하므로 기울기가 가장 큰 (가)의 저항이 가장 작다.

20 ① 전체 저항 $R = \dfrac{V}{I} = \dfrac{12\text{ V}}{2\text{ A}} = 6\ \Omega$

② 저항을 직렬로 연결한 회로에서 각 저항에 흐르는 전류의 세기는 전체 전류의 세기와 같다. 따라서 2 Ω에 흐르는 전류의 세기는 전체 전류의 세기와 같은 2 A이다.
③ 4 Ω에 걸리는 전압 $V = IR = 2\text{ A} \times 4\ \Omega = 8\text{ V}$이다.
④ 2 Ω과 4 Ω에 걸리는 전압의 비는 1 : 2이다.
⑤ 2 Ω과 4 Ω에 흐르는 전류의 세기의 비는 1 : 1이다.

서술형 문제

21 (1) | 모범 답안 | 전류 : 0.3 A, 전압 : 1.5 V
| 해설 | (−)단자에 해당하는 눈금을 읽는다. 전류계는 500 mA, 전압계는 3 V 단자에 연결되어 있다.

(2) | 모범 답안 | 옴의 법칙에 의해 $R = \dfrac{V}{I} = \dfrac{1.5\text{ V}}{0.3\text{ A}} = 5\ \Omega$
이다.

	채점 기준	배점
(2)	옴의 법칙으로 니크롬선의 저항 5 Ω을 풀이 과정과 함께 옳게 서술한 경우	100 %
	니크롬선의 저항이 5 Ω이라고만 서술한 경우	40 %

22 | 모범 답안 | (다), 저항을 병렬로 연결하면 전체 저항이 작아지는 효과가 있으므로 전체 저항이 가장 작은 (다)에 흐르는 전류의 세기가 가장 크다.
| 해설 | 전류의 세기는 전압에 비례하고 저항에 반비례한다. 전압은 1.5 V로 일정하므로 전체 저항이 작을수록 회로에 흐르는 전류의 세기가 세다. 저항을 직렬로 연결한 경우 전체 저항이 커지는 효과가 있고, 병렬로 연결한 경우 전체 저항이 작아지는 효과가 있다.

채점 기준	배점
(다)를 고르고, 저항의 연결 방법을 이용하여 전류의 세기를 옳게 비교한 경우	100 %
(다)만 쓴 경우	40 %

23 | 모범 답안 | • 각 전기 기구에 걸리는 전압이 달라진다.
• 전기 기구 한 개만 꺼도 모든 전기 기구들이 꺼진다.
| 해설 | 저항을 직렬로 연결하면 각 저항에 걸리는 전압은 저항의 크기에 비례하므로, 전기 기구마다 걸리는 전압이 달라진다.

채점 기준	배점
전기 기구의 전압이 달라지고, 여러 전기 기구를 독립적으로 사용할 수 없음을 옳게 서술한 경우	100 %
그 외의 경우	0 %

03 전류의 자기 작용

1 자기장, N　**2** →　**3** (1) × (2) ×　**4** A : 전류의 방향, B : 자기장의 방향　**5** A　**6** 전자석　**7** 자기장, 힘　**8** ㉠ 자기장의 방향, ㉡ 힘의 방향, ㉢ 전류의 방향　**9** ㉢　**10** (1) ○ (2) ×

3 (1) 자기장의 방향은 나침반 자침의 N극이 가리키는 방향이다.
(2) 자기력선은 도중에 끊어지거나 교차하지 않는다.

10 (2) 전류의 방향과 자기장의 방향이 나란할 때 자기장에서 전류가 흐르는 도선은 힘을 받지 않는다.

1 ③　**2** ⑤　**3** ②　**4** ④　**5** ①　**6** ①　**7** ④　**8** ②
9 ②　**10** ⑤　**11** ②　**12** ④　**13** ②　**14** ③　**15** ④
16 ⑤　**17** ②　**18** ③　**19** ①
[서술형 문제 20~22] 해설 참조

1 ②, ③, ④ 자기력선은 N극에서 나와 S극으로 들어가며 자기력선이 촘촘할수록 자기장의 세기가 세다. 또, 자기력선은 도중에 끊어지거나 서로 교차하지 않는다.
⑤ 자석의 극 부분에서 자기장의 세기가 가장 세므로, 자기력선은 자석의 극에 가까울수록 촘촘하다.

2 자기력선의 화살표 방향이 자기장의 방향을 나타낸다. 따라서 나침반 E의 자침이 화살표 방향으로 옳게 표시된 것이다.

3 오른손의 엄지손가락을 전류의 방향으로 향하고 도선을 감아줄 때, 네 손가락이 향하는 방향이 자기장의 방향이다. 따라서 전류가 직선 도선의 아래에서 위로 흐를 때 자기장은 시계 반대 방향으로 생긴다.

4 코일에 전류가 흐르면 왼쪽이 S극, 오른쪽이 N극이 된다. 따라서 (나) 부분에서 나침반 자침은 오른쪽(동쪽)을 가리킨다.

5 ① 전자석은 전류가 흐를 때에만 자석의 성질을 가진다.

6 전류는 전지의 (+)극에서 (−)극 쪽으로 흐르므로 구리 막대의 앞쪽에서 지면으로 들어가는 방향이고 자기장은 위쪽이므로, 구리 막대는 A 방향으로 힘을 받아 움직인다.

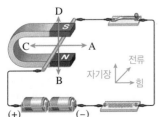

7 ④ 전류의 방향과 자기장의 방향이 수직이면 힘이 최대이고, 나란하면 힘을 받지 않는다.

8 ① 전류의 방향이 바뀌거나 자기장의 방향이 반대가 되면 알루미늄 포일이 움직이는 방향이 달라진다.
② 전류의 방향으로 오른손의 엄지손가락, 자기장의 방향으로 네 손가락을 일치시킬 때 손바닥이 위쪽을 향하므로, 알루미늄 포일은 힘을 받아 위쪽으로 움직인다.
③ 자석의 극을 바꾸면 알루미늄 포일이 움직이는 방향이 달라진다.
④ 전지의 (+), (−)극을 바꾸어 연결하면 알루미늄 포일은 아래쪽으로 움직인다.
⑤ 전압이 높은 전지로 바꾸면 전류의 세기가 세지므로 알루미늄 포일이 움직이는 폭이 커진다.

9 A 부분은 지면에서 나오는 방향, C 부분은 지면으로 들어가는 방향으로 전류가 흐른다. 따라서 A는 위쪽(↑), C는 아래쪽(↓)으로 힘을 받는다. B는 전류와 자기장의 방향이 나란하므로 힘을 받지 않는다.

10 ① A에서는 종이면으로 들어가는 방향, C에서는 종이면에서 나오는 방향이므로 A와 C에서 전류의 방향은 반대이다.
② 전자석 기중기는 전류가 흐를 때 자기장이 생기는 원리를 이용한 것으로 전동기와 관련이 없다.
③ 더 센 전류를 흘려주면 코일이 더 빠르게 회전한다. 이때 회전 방향은 바뀌지 않는다.
④ B 부분에서 전류의 방향은 자기장의 방향과 평행하다.
⑤ 자기장의 방향이 반대로 바뀌면 코일의 회전 방향도 반대로 바뀐다. 그림에서 A는 위쪽, C는 아래쪽으로 힘을 받아 시계 방향으로 회전하므로 자기장의 방향이 바뀌면 회전 방향이 반대가 되어 시계 반대 방향으로 회전한다.

11 자기력선은 자석의 N극에서 나와 S극으로 들어간다.

12 오른손 엄지손가락을 전류의 방향으로 일치시키고 네 손가락으로 도선을 감아쥘 때, 네 손가락이 가리키는 방향이 자기장의 방향이다. 따라서 도선 아래 있는 나침반의 자침은 서쪽, 도선 위에 있는 나침반의 자침은 동쪽을 가리킨다.

13 오른손 엄지손가락을 전류의 방향으로 일치시키고 네 손가락으로 도선을 감아쥘 때, 네 손가락이 가리키는 방향이 자기장의 방향이다.

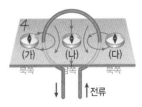

14 ③ 자기력선을 N극에서 나와 S극으로 들어가도록 그린다. 코일의 왼쪽이 N극, 오른쪽이 S극이므로 자기력선의 화살표가 반대로 되어야 한다.

15 오른손의 네 손가락을 자기장의 방향과 일치시키고 엄지손가락을 전류의 방향으로 향할 때, 손바닥이 향하는 방향이 도선 그네가 힘을 받는 방향이다. ㄱ, ㄷ은 말굽 자석의 바깥쪽, ㄴ, ㄹ은 안쪽으로 힘을 받아 움직인다.

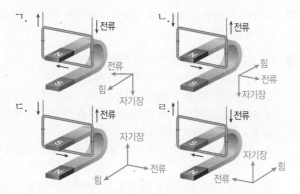

ㄱ. ↓전류   ㄴ. ↑전류
전류
힘   자기장
힘   전류
자기장

ㄷ. ↓전류   ㄹ. ↑전류
자기장   자기장
전류   힘
힘   전류

16 ⑤ 코일에 전류가 흐를 때 생기는 자기장을 이용한 예이다.

17 전류는 알루미늄 막대의 뒤쪽에서 앞쪽(지면에서 나오는) 방향으로 흐르고 자기장은 아래쪽이므로, 알루미늄 막대는 (나) 방향으로 힘을 받는다.

18 집게를 A 방향으로 이동하면 실험 장치의 저항이 작아져 전류의 세기가 증가한다. 따라서 알루미늄 막대에 작용하는 힘이 커져 막대가 더 빠르게 움직인다.

19 ① AB 부분은 아래쪽, CD 부분은 위쪽으로 힘을 받아 코일은 시계 반대 방향으로 회전한다.

서술형 문제

20 | 모범 답안 | 코일에 흐르는 전류의 방향을 반대로 바꾼다.
| 해설 | 전류의 방향을 반대로 바꾸면 코일에 생기는 자기장의 방향은 반대가 된다.

채점 기준	배점
전류의 방향을 반대로 바꾸어 준다고 옳게 서술한 경우	100 %

21 | 모범 답안 | 위로 움직인다. 자석의 극을 반대로 바꾸어 놓거나 전지의 극을 반대로 연결한다.
| 해설 | 오른손 엄지손가락을 전류의 방향과 일치시키고 네 손가락을 자기장의 방향과 일치시키면 손바닥이 위를 향하므로 알루미늄 포일은 위쪽으로 힘을 받는다. 이때 전류의 방향이나 자기장의 방향이 반대로 바뀌면 자기장 속에서 전류가 받는 힘의 방향도 반대로 바뀐다.

채점 기준	배점
움직이는 방향을 옳게 쓰고, 방향을 바꾸는 방법 두 가지를 모두 쓴 경우	100 %
움직이는 방향을 옳게 쓰고, 방향을 바꾸는 방법을 한 가지만 쓴 경우	70 %
움직이는 방향만 옳게 쓴 경우	40 %

22 | 모범 답안 | AB 부분은 위쪽, CD 부분은 아래쪽으로 힘을 받아 코일은 시계 방향으로 회전한다. 이때 BC 부분은 힘을 받지 않는다.

채점 기준	배점
AB, BC, CD 부분이 받는 힘의 방향과 코일의 회전 방향을 모두 옳게 서술한 경우	100 %
AB, BC, CD 부분이 받는 힘의 방향만 서술하고, 코일의 회전 방향은 서술하지 않은 경우	70 %
코일의 각 부분이 받는 힘의 방향은 쓰지 못하고, 코일이 시계 방향으로 회전한다고만 서술한 경우	30 %

III 태양계

01 지구

개념 확인하기   p. 43

1 구형, 평행   **2** l, ∠BB′C(θ')   **3** 360 °, $\theta(\theta')$ **4** 위도
5 자전, 서, 동   **6** 일주, 동, 서, 15   **7** (1) 북쪽 (2) 서쪽 (3) 동쪽 (4) 남쪽   **8** 공전, 서, 동   **9** 연주, 서, 동, 1   **10** 황도, 황도 12궁

족집게 문제   p. 44~47

1 ②   **2** ②, ⑤   **3** ⑤   **4** ③   **5** ②   **6** ④   **7** ②   **8** ④
9 ④   **10** ②   **11** ④   **12** ④   **13** ①   **14** ①   **15** ③
16 ③   **17** ㄱ, ㄷ   **18** ④   **19** ②
[서술형 문제 20~22] 해설 참조

1 에라토스테네스는 원의 성질을 이용하기 위해 지구를 완전한 구형이라고 가정하였고, 엇각을 이용하여 중심각의 크기를 구하기 위해 햇빛은 지구에 평행하게 들어온다고 가정하였다.

2 에라토스테네스는 원에서 호의 길이는 중심각의 크기에 비례한다는 원리를 이용하였다. 따라서 호의 길이에 해당하는 두 도시 사이의 거리, 중심각과 엇각으로 같은 막대 끝과 막대 그림자 끝이 이루는 각도를 측정하였다.

3 원의 둘레($2\pi R$) : 360 °=호의 길이(l) : 중심각(θ)이다. 호의 길이는 925 km이고, 중심각은 막대 끝과 막대 그림자 끝이 이루는 각도인 7.2 °와 엇각으로 같으므로 $2\pi R : 360° = 925$ km : 7.2 °이다.

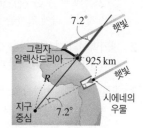
7.2° 햇빛
그림자
알렉산드리아
925 km
R 햇빛
지구 중심   7.2°   시에네의 우물

4 ③ 직접 측정해야 하는 값은 ∠BB′C(θ')와 호 AB의 길이(l)이다. ∠AOB(θ)는 직접 측정하기 어렵다.

5 중심각의 크기는 두 도시의 위도 차와 같으므로 2.4 °이다. 따라서 $2\pi R : 360° = 280$ km : 2.4 °이고, 지구의 둘레($2\pi R$)= 42000 km이다.

6 ① 별들이 원을 그리며 회전하므로 북쪽 하늘을 관측한 사진이다.
② 일주 운동의 중심에 있는 별 P는 북극성이다.
③ 지구가 한 시간에 15 ° 자전하므로 별도 한 시간에 15 °씩 이동한다.
④ 북쪽 하늘에서 별은 시계 반대 방향으로 회전하므로 회전 방향은 A → B이다.
⑤ 북극성은 지구의 자전축을 연장한 천구 북극에 가까이 있어 시간이 지나도 거의 움직이지 않는다.

7

① 지평선에 나란하게 동에서 서로 이동 — 남쪽 하늘

② 오른쪽 위로 비스듬히 떠오름 — 동쪽 하늘

④ 시계 반대 방향으로 회전 — 북쪽 하늘

⑤ 오른쪽 아래로 비스듬히 짐 — 서쪽 하늘

8 별자리는 태양을 기준으로 동에서 서로 이동하므로 관측된 순서는 (다) – (가) – (나)이다.

9 ① 그림과 같이 같은 시각에 관측한 태양과 별자리의 위치가 변하는 것은 지구가 공전하기 때문이다.
② 별자리를 기준으로 태양은 서 → 동으로 이동한다.
③ 태양을 기준으로 별자리는 동 → 서로 이동한다.
⑤ 태양의 연주 운동 방향은 지구의 공전 방향과 같은 서에서 동이다.

10 (가) 태양은 각 달마다 황도 12궁에 표시된 별자리를 지나므로 12월에 태양은 전갈자리를 지난다.
(나) 지구에서 한밤중에 남쪽 하늘에서 보이는 별자리는 태양의 반대편에 있는 별자리이므로 12월에 지구에서는 황소자리가 한밤중에 남쪽 하늘에서 보인다.

11 θ는 $\angle BB'C$와 엇각으로 크기가 같으므로 중심각의 크기는 40°이다. 따라서 $2\pi R : 360° = 12 \text{ cm} : 40°$의 비례식이 성립하므로 지구 모형의 둘레($2\pi R$) = 108 cm이다.

12 경도가 같고 위도가 다른 두 지점을 고른다. 위도 차는 두 지점 사이의 중심각과 같으므로 원의 성질을 이용하여 지구의 크기를 구할 수 있다.

13 ① 지구가 하루에 한 바퀴 자전하므로 별의 일주 운동 주기는 하루이다.
②, ③ 지구의 자전으로 별, 태양, 달 등 천체의 일주 운동이 나타난다.

14 북두칠성은 시계 반대 방향(A → B)으로 일주 운동하고, 45° ÷15° = 3시간 동안 이동하였다. 따라서 북두칠성이 A 위치에 있을 때는 밤 11시경보다 3시간 전인 저녁 8시경이다.

15 ① 태양의 연주 운동은 지구의 공전으로 나타나는 현상이다.
③ 지구가 하루에 약 1°씩 공전하므로 태양도 하루에 약 1°씩 이동하는 것으로 관측된다.

16 ㄴ. 지구에서 볼 때 태양은 별자리 사이를 서에서 동으로 지나간다(태양의 연주 운동).

ㄷ. 현재 태양은 사자자리를 지나므로 9월이다.
ㄹ. 6월에 태양은 황소자리를 지나고, 지구에서는 한밤중에 남쪽 하늘에서 태양 반대편에 있는 전갈자리를 볼 수 있다.

17 ㄱ, ㄷ. 지구는 적도 쪽이 약간 볼록한 타원체이며, 과거의 측정 기술로는 두 지역 사이의 거리를 정확하게 측정하기 어려웠기 때문에 오차가 발생하였다.

18 ①, ② (가)는 남쪽 하늘을 관측한 것으로, 별들은 지평선과 나란하게 동쪽에서 서쪽으로 이동한다.
③ (나)는 서쪽 하늘을 관측한 것이다.
⑤ 별들은 실제로는 움직이지 않으며, 일주 운동은 지구 자전에 의한 겉보기 운동이다.

19 지구의 자전에 의해 별이 뜨고 지거나 낮과 밤이 반복된다. 달의 모양이 변하는 것은 달의 공전 때문이고, 계절별로 보이는 별자리가 달라지거나 태양이 별자리를 배경으로 이동하는 현상은 지구의 공전에 의해 나타난다.

서술형 문제

20 | 모범 답안 | (1) 지구는 완전한 구형이다. 지구로 들어오는 햇빛은 평행하다.
(2) • $2\pi R : 360° = 925 \text{ km} : 7.2°$
• $2\pi R : 925 \text{ km} = 360° : 7.2°$
• $360° : 2\pi R = 7.2° : 925 \text{ km}$
• $7.2° : 925 \text{ km} = 360° : 2\pi R$ 중 한 가지

	채점 기준	배점
(1)	가정 두 가지를 모두 옳게 서술한 경우	50 %
	가정을 한 가지만 옳게 서술한 경우	25 %
(2)	비례식을 옳게 쓴 경우	50 %

21 | 모범 답안 | 지구가 자전하기 때문에 나타난다.

| 해설 | 지구가 서에서 동으로 자전하기 때문에 북쪽 하늘에서 별은 북극성을 중심으로 시계 반대 방향으로 회전한다.

채점 기준	배점
일주 운동이 나타나는 까닭을 옳게 서술하고, 일주 운동 방향을 옳게 그린 경우	100 %
일주 운동이 나타나는 까닭만 옳게 서술하거나 일주 운동 방향만 옳게 그린 경우	50 %

22 | 모범 답안 | 태양은 궁수자리를 지나고, 지구에서 한밤중에 남쪽 하늘에서 보이는 별자리는 쌍둥이자리이다.

채점 기준	배점
태양이 지나는 별자리와 지구에서 한밤중에 남쪽 하늘에서 보이는 별자리를 모두 옳게 서술한 경우	100 %
태양이 지나는 별자리 또는 지구에서 한밤중에 남쪽 하늘에서 보이는 별자리 중 한 가지만 옳게 서술한 경우	50 %

02 달

개념 확인하기   p. 49

1 d, l **2** d, D **3** $\dfrac{1}{4}$ **4** 공전   **5** ·A : 🌑 보이지

않음 ·B : 🌓 상현달 ·C : 🌕 보름달 ·D : 🌗 하현달

6 망, 보름달   **7** 서, 동, 13   **8** 같다   **9** 일식   **10** 지구, 달

족집게 문제   p. 50~53

1 ③   **2** ④   **3** ⑤   **4** ④   **5** ②   **6** ③   **7** ①   **8** ④

9 ③   **10** ①   **11** ②   **12** ⑤   **13** ③   **14** ②   **15** ④

16 ㄴ, ㄷ   **17** ③   **18** ②, ⑤   [서술형 문제 19~21] 해설

참조

1 지구에서 달까지의 거리(L)는 미리 알아두고, 동전의 지름(d)과 눈에서 동전까지의 거리(l)를 직접 측정하여 달의 지름(D)을 계산한다.

2 ③ 서로 닮은 삼각형에서 대응변의 길이 비는 일정하다는 원리를 이용한다.

④ 동전의 지름(d)의 대응변은 달의 지름(D), 눈에서 동전까지의 거리(l)의 대응변은 지구에서 달까지의 거리(L)이므로 비례식은 $d : D = l : L$이다.

3 달은 햇빛을 반사하여 밝게 보이는데, 태양, 달, 지구의 상대적인 위치가 변하면 지구에서 보이는 달의 모양이 달라진다.

① 달의 한쪽 면만 보이는 까닭이다.

[4~6]

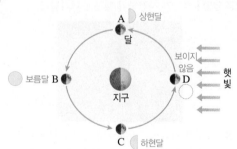

4 달이 A에 위치할 때는 오른쪽 반원이 밝은 상현달로 보인다.

5 달의 위치가 삭(D)일 때는 달이 보이지 않고, 달이 공전함에 따라 상현달 – 보름달 – 하현달의 순서로 위상이 변한다.

6 ㄱ. 달이 A에 위치할 때는 오른쪽 반원이 밝은 상현달로, C에 위치할 때는 왼쪽 반원이 밝은 하현달로 보인다.

ㄹ. 초승달은 달이 D와 A 사이에 있을 때 관측된다.

7 ① 달의 위상은 약 한 달을 주기로 보이지 않음 → 초승달 → 상현달 → 보름달 → 하현달 → 그믐달 → 보이지 않음으로 변한다.

③ 달은 매일 약 13 °씩 서에서 동으로 공전하므로 같은 시각에 관측한 달의 위치는 매일 약 13 °씩 동쪽으로 이동한다.

⑤ 보름달은 해진 직후(일몰)에 동쪽 하늘에서 떠오르고 있으므로 자정에 남쪽 하늘에 남중하였다가 새벽(일출)에 서쪽 하늘로 진다. 따라서 밤새도록 관측할 수 있다.

8 ①, ② 일식은 태양이 달에 가려지는 현상으로, 달이 태양과 지구 사이에 있는 삭일 때 일어날 수 있다.

③ 월식은 달이 지구 그림자 속에 들어가 가려지는 현상이다.

⑤ 일식과 월식은 달이 지구 주위를 공전하며 태양의 앞을 지나거나, 지구 그림자로 들어가서 일어나는 현상이다.

9 ① 달의 위치가 삭일 때 일식이 일어날 수 있지만, 지구의 공전 궤도와 달의 공전 궤도가 같은 평면상에 있지 않기 때문에 일식은 매달 일어나지는 않는다.

②, ③ 개기 일식은 달의 본그림자가 닿는 A에서, 부분 일식은 달의 반그림자가 닿는 B에서 볼 수 있다.

④ 일식이 일어날 때는 삭으로, 달이 보이지 않는다.

10

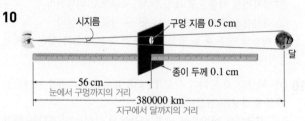

서로 닮은 삼각형에서 대응변의 길이 비는 일정하다. 구멍 지름의 대응변은 달의 지름(D), 눈에서 구멍까지의 거리의 대응변은 지구에서 달까지의 거리이므로 비례식은 0.5 cm : D = 56 cm : 380000 km이다.

[11~12]

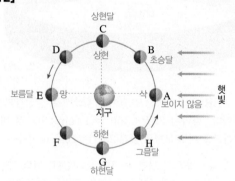

11 달이 G 위치에 있을 때는 지구에서 볼 때 달의 왼쪽 반원이 밝게 보이므로 하현달의 모습이다.

12 ① 달이 A에 있을 때는 삭이다.

② C에서 달의 위상은 상현달로, 음력 7~8일에 보인다. 설날(음력 1월 1일)에는 달이 보이지 않는다.

③ 달이 초승달로 보이는 것은 B에 있을 때이다.

④ 달이 E에 있을 때는 햇빛을 받는 부분 전체가 둥글게 보인다.

13 달은 공전 주기와 같은 주기로 자전하기 때문에 항상 달의 한쪽 면이 지구를 향한다. 따라서 달의 표면 무늬가 항상 같다.

14 일식은 달의 위치가 삭일 때, 월식은 달의 위치가 망일 때 일어날 수 있다.

15 ④ 달이 지구의 반그림자(B)에 들어갈 때는 월식이 일어나지 않는다. 달의 일부가 지구의 본그림자(A)로 들어가면 부분 월

식이, 달의 전체가 지구의 본그림자로 들어가면 개기 월식이 일어난다.

16 ㄱ. A에 있는 달은 상현달이다.
ㄴ. 해가 진 직후 동쪽 하늘에서 떠오르는 달은 보름달이므로 달은 B에 위치한다.
ㄷ. 달이 C에 있을 때는 하현달로, 초저녁에는 떠오르기 전이므로 볼 수 없다.
ㄹ. 달이 D에 있을 때는 음력 1일경이다.

17 달이 뜨려면 지구가 한 바퀴 자전한 후 달이 공전한 만큼 더 자전해야 하므로 달은 매일 약 50분씩 늦게 뜬다.

18

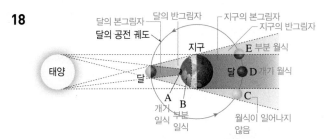

① 망일 때 월식, 삭일 때 일식이 일어날 수 있다.
③ 달이 C에 위치할 때는 월식이 일어나지 않는다.
④ 일식은 달의 그림자가 닿는 일부 지역에서만 관측할 수 있고, 월식은 밤이 되는 모든 지역에서 관측할 수 있다.
⑤ 달 그림자보다 지구 그림자가 크므로 일식보다 월식의 지속 시간이 길다.

서술형 문제

19 | 모범 답안 | $D = \dfrac{d \times L}{l}$ 또는 $\dfrac{0.6\,\text{cm} \times 300\,\text{cm}}{12\,\text{cm}} = 15\,\text{cm}$

| 해설 | $d : D = l : L$의 비례식이 성립하므로 $D = \dfrac{d \times L}{l}$이고, 값을 대입하면 $D = \dfrac{0.6\,\text{cm} \times 300\,\text{cm}}{12\,\text{cm}} = 15\,\text{cm}$이다.

채점 기준	배점
D를 구하는 식을 옳게 쓰고, 값을 옳게 구한 경우	100 %
D를 구하는 식만 옳게 쓴 경우	50 %

20 | 모범 답안 | 보름달, 음력 15일경 관측할 수 있다.

채점 기준	배점
달의 위상을 옳게 쓰고, 관측 가능한 날짜를 옳게 서술한 경우	100 %
달의 위상만 옳게 쓰거나, 관측 가능한 날짜만 옳게 서술한 경우	50 %

21 | 모범 답안 | A, E. 일식이 일어날 때보다 월식이 일어날 때 태양과 달 사이의 거리가 더 멀다.

채점 기준	배점
A, E를 쓰고, 일식과 월식이 일어날 때 태양과 달 사이의 거리를 옳게 비교하여 서술한 경우	100 %
A, E만 쓴 경우	50 %

| 해설 | 일식이 일어날 때는 태양 – 달 – 지구 순서로 일직선을 이루고, 월식이 일어날 때는 태양 – 지구 – 달 순서로 일직선을 이룬다.

03 태양계의 구성

개념 확인하기 p. 55

1 토성 **2** 수성 **3** 금성 **4** 화성 **5** 목성, 토성 **6** ㉠ 크다, ㉡ 없다, ㉢ 작다, ㉣ 있다 **7** (1) (나) (2) (마) (3) (라) **8** (나), (바) **9** (가) 쌀알 무늬, (나) 채층 **10** (1) ○ (2) × (3) ○

내공쌓는 족집게 문제 p. 56~59

1 ③ **2** ③ **3** ③ **4** ⑤ **5** ② **6** ④ **7** ③ **8** ①
9 ⑤ **10** ① **11** ② **12** ③ **13** ⑤ **14** A, B, C, D
15 ③ **16** ⑤ **17** ④ **18** ④ **19** A, B와 C, D **20** ②
[서술형 문제 21~24] 해설 참조

1 계절 변화가 나타나고, 표면에 물이 흘렀던 자국이 있는 행성은 화성이다.

2 ① 태양계 행성 중 크기가 가장 큰 행성은 목성이다.
② 태양계 행성 중 밀도가 가장 작은 것은 토성이다.
④ 이산화 탄소로 이루어진 두꺼운 대기가 있는 행성은 금성이다. 화성의 대기도 대부분 이산화 탄소로 이루어져 있으나 매우 희박하다.
⑤ 대기에 메테인이 포함되어 청록색으로 보이는 것은 천왕성이다.

3 (가)는 목성, (나)는 수성, (다)는 해왕성, (라)는 천왕성에 대한 설명이다. 태양계 행성을 태양에서 가까운 것부터 나열하면 (나) 수성 – 금성 – 지구 – 화성 – (가) 목성 – 토성 – (라) 천왕성 – (다) 해왕성 순이다.

4

구분	지구형 행성	목성형 행성
질량	작다	크다
고리	없다	있다
반지름	작다	크다
위성 수	적거나 없다	많다

5 A는 반지름이 크고 밀도가 작은 목성형 행성, B는 반지름이 작고 밀도가 큰 지구형 행성이다.
② 목성형 행성(A)은 모두 고리가 있다.
③ 수성, 금성은 지구형 행성(B)에 속한다.
④ 수성, 금성은 위성이 없다. 지구형 행성은 위성이 적거나 없다.
⑤ 지구 공전 궤도 안쪽에서 공전하는 행성은 내행성으로, 지구형 행성 중 지구와 화성은 내행성에 포함되지 않는다.

6 ① 흑점(A)은 주위보다 온도가 낮아 어둡게 보인다.
② 흑점(A)과 쌀알 무늬(B)는 태양의 표면에서 나타나므로, 개기 일식 때 태양의 표면이 가려지면 볼 수 없다.
③ 흑점(A)의 수가 많을 때 태양 활

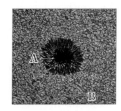

동이 활발해진다.

⑤ 흑점(A)은 지구에서 볼 때 동에서 서로 움직인다.

7 코로나의 모습과 설명이다. 코로나는 채층 위로 넓게 펴져 있는 태양의 가장 바깥쪽 대기로, 엷은 진주색을 띠며 온도가 100만 ℃ 이상으로 매우 높다.

8 ① 광구는 둥글게 보이는 태양의 표면으로, 평균 온도는 약 6000 ℃이다.

9 (가)는 흑점으로, 태양의 표면인 광구에서 관측할 수 있다.
(나)는 홍염으로, 고온의 기체가 대기로 솟아오르는 현상이다.
(다)는 플레어로, 태양의 대기에서 관측할 수 있고 태양 활동이 활발할 때 자주 발생한다.

10 태양 활동이 활발할 때 지구에서는 오로라가 자주 발생하고, 더 넓은 지역에서 관측된다. 또, 자기 폭풍과 델린저 현상이 나타나고, 인공위성이 고장 나며, 송전 시설 고장으로 대규모 정전이 일어나기도 한다.

11 ② 낮과 밤의 표면 온도 차이가 매우 큰 행성은 대기가 없는 수성이다. 금성은 이산화 탄소로 이루어진 두꺼운 대기가 있어 표면 온도가 매우 높게 유지된다.

12 목성은 주로 수소와 헬륨으로 이루어져 단단한 표면이 없다. 빠른 자전 때문에 표면에 나란한 줄무늬가 생기고, 적도 부근에 대기의 소용돌이로 생긴 대적점이 나타난다. 또, 태양계 행성 중 크기가 가장 크고, 위성 수가 많다.
④ 대기의 대부분이 이산화 탄소인 행성은 금성과 화성이다.
⑤ 산화 철 성분의 토양 때문에 표면이 붉게 보이는 행성은 화성이다.

13

⑤ 천왕성(G)은 대기 중의 메테인이 붉은 빛을 흡수하여 청록색으로 보인다. 과거에 물이 흘렀던 자국이 있는 행성은 화성(D)이다.

14 반지름과 질량이 작고, 위성이 적거나 없으며, 고리가 없는 행성은 지구형 행성이다. 지구형 행성에는 수성, 금성, 지구, 화성이 속한다.

15 개기 일식 때는 달에 의해 태양의 표면인 광구가 가려지므로 태양의 대기(채층, 코로나)와 대기에서 나타나는 현상(홍염, 플레어)을 볼 수 있다.

16 ㄴ. 같은 기간 동안 흑점이 이동한 거리가 위도별로 다른 것으로 보아 흑점이 이동하는 속도는 위도에 따라 다르다.
ㄷ. 흑점의 이동을 통해 태양이 자전함을 알 수 있다.

17 ① 흑점 수는 약 11년을 주기로 변한다.
②, ③ 흑점 수가 많을 때 태양 활동이 활발하여 태양풍이 강해진다.

④ 2001년은 흑점 수가 많은 시기로, 태양 활동이 활발하여 코로나의 크기가 커지고 플레어가 자주 발생했을 것이다.
⑤ 2010년에는 흑점의 수가 적으므로 태양 활동이 덜 활발한 시기이다.

18 A는 목성, B는 토성, C는 금성, D는 화성이다.
ㄱ. 가장 무거운 성분으로 이루어져 있는 행성은 밀도가 가장 큰 C이다.
ㄷ. 대기가 없어 표면에 운석 구덩이가 많은 행성은 수성이다. 금성은 두꺼운 이산화 탄소 대기가 있다.

19 질량과 반지름이 크고, 평균 밀도가 작으며, 위성 수가 많은 A, B와 질량과 반지름이 작고, 평균 밀도가 크며, 위성 수가 적은 C, D로 구분할 수 있다. A와 B는 목성형 행성에 속하고, C와 D는 지구형 행성에 속한다.

20 ㄱ, ㄴ. 지구보다 바깥쪽 궤도에서 공전하는 행성은 외행성이고, 화성, 목성, 토성, 천왕성, 해왕성이 이에 속한다.
ㄷ. 외행성 중 화성은 표면이 단단한 암석으로 이루어져 있다.

서술형 문제

21 | 모범 답안 | 금성은 이산화 탄소로 이루어진 두꺼운 대기가 있기 때문이다.

채점 기준	배점
대기의 성분과 두께를 모두 언급하여 옳게 서술한 경우	100 %
대기의 성분과 두께 중 한 가지만 언급하여 서술한 경우	50 %

22 | 모범 답안 | 밀도는 지구형 행성이 목성형 행성보다 크고, 반지름과 질량은 지구형 행성이 목성형 행성보다 작다.

채점 기준	배점
밀도, 반지름, 질량을 모두 옳게 비교하여 서술한 경우	100 %
세 가지 중 두 가지만 옳게 비교하여 서술한 경우	60 %
세 가지 중 한 가지만 옳게 비교하여 서술한 경우	30 %

23 | 모범 답안 | (1) (가) 지구형 행성, (나) 목성형 행성
(2) 수성, 금성, 화성은 (가)에 속하고, 토성, 해왕성은 (나)에 속한다.

	채점 기준	배점
(1)	(가)와 (나)의 이름을 모두 옳게 쓴 경우	50 %
	(가)와 (나) 중 하나의 이름만 옳게 쓴 경우	25 %
(2)	행성을 옳게 분류한 경우	50 %

24 | 모범 답안 | • 태양에서 나타나는 현상 : 흑점 수가 많아진다. 코로나가 커진다. 플레어와 홍염이 자주 발생한다. 태양풍이 강해진다.
• 지구가 받는 영향 : 자기 폭풍이 발생한다. 델린저 현상이 발생한다. 오로라가 자주 나타난다. 인공위성이 고장 난다. 등

채점 기준	배점
태양과 지구에서 일어나는 현상을 각각 두 가지씩 모두 옳게 서술한 경우	100 %
태양과 지구에서 일어나는 현상을 각각 한 가지씩만 서술한 경우	50 %
태양이나 지구에서 일어나는 현상만 두 가지 서술한 경우	
태양이나 지구에서 일어나는 현상 중 한 가지만 서술한 경우	20 %

IV 식물과 에너지

01 광합성

개념 확인하기
p. 62

1 이산화 탄소, 포도당　2 (1) – ⓒ (2) – ⓛ (3) – ⊙　3 파
란색　4 녹말　5 엽록체, 녹말　6 증가, 감소　7 A : 공
변세포, B : 기공, C : 표피 세포　8 증산 작용　9 낮, 밤, 낮
10 잎, 강, 높, 낮

2 광합성에 필요한 이산화 탄소는 잎의 기공을 통해 공기 중에
서 흡수하고, 물은 뿌리에서 흡수하여 물관을 통해 잎까지 운
반된다.

3 빛을 받은 검정말이 광합성을 하면 이산화 탄소가 소모된다.
BTB 용액 속에 이산화 탄소가 많아지면 용액이 노란색을 띠
고, 이산화 탄소가 적어지면 용액이 파란색을 띤다.

5 아이오딘-아이오딘화 칼륨 용액은 녹말과 반응하여 청람색을
띠는 녹말 검출 용액이다.

족집게 문제
p. 63~65

1 ⑤　2 ④　3 ③　4 ①, ⑤　5 ②　6 ③　7 ⑤　8 ④,
⑤　9 ④　10 ③　11 ②　12 ②　13 ③　14 ㄱ, ㄷ, ㄹ
15 C>B>A　[서술형 문제 16~17] 해설 참조

[1~2]

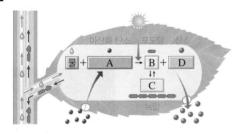

1 광합성은 식물이 빛에너지를 이용하여 물과 이산화 탄소(A)를
원료로 양분(포도당, B)을 만드는 과정이며, 광합성이 일어나
면 양분과 함께 산소(D)도 발생한다. 광합성으로 만들어진 포
도당(B)은 곧 녹말(C)로 바뀌어 저장된다.

2 ④ 광합성으로 만들어진 포도당(B)은 물에 잘 녹으며, 곧 물
에 잘 녹지 않는 녹말(C)로 바뀌어 엽록체에 저장된다.
⑤ 산소(D)는 식물의 호흡에 쓰이거나 공기 중으로 방출되어
다른 생물의 호흡에 쓰인다.

3 시험관 A는 정확한 실험 결과를 비교하기 위한 대조군으로,
아무런 조작도 하지 않았으므로 색깔 변화가 없다. 빛을 받은
시험관 B에서는 광합성이 일어났고, 빛을 받지 않은 시험관 C
에서는 광합성이 일어나지 않았다. 광합성이 일어나 노란색
BTB 용액 속의 이산화 탄소가 줄어들면 용액의 색깔이 초록
색을 거쳐 파란색으로 변한다.

4 ①, ⑤ 광합성이 일어난 시험관 B에서는 이산화 탄소가 사용
되어 BTB 용액의 색깔이 파란색으로 변하였고, 빛을 받지 않
은 시험관 C에서는 광합성이 일어나지 않았다. 따라서 실험을
통해 광합성은 빛이 있을 때 일어나며, 광합성 과정에는 이산
화 탄소가 필요함을 알 수 있다.

5 ① 잎을 에탄올에 넣고 물중탕하면 엽록체에서 엽록소가 녹아
빠져나와 잎이 탈색된다. 이러한 탈색 과정을 거치면 아이오
딘-아이오딘화 칼륨 용액을 떨어뜨렸을 때 나타나는 색깔 변화
를 잘 관찰할 수 있다.
② 아이오딘-아이오딘화 칼륨 용액은 녹말과 반응하여 청람
색을 나타내는 녹말 검출 용액이다. 포도당은 베네딕트 용액
을 이용하여 검출할 수 있다.
③ 어둠상자에 둔 검정말은 빛을 받지 못해 광합성을 하지 못
하였으므로 녹말이 만들어지지 않았다.

6 ③ 광합성으로 발생하는 기체는 다른 물질을 태우는 성질이
있는 산소이다.

7 전등이 켜진 개수가 늘어날수록 빛의 세기가 세져 어느 정도
까지는 광합성량이 증가한다. 광합성량이 증가하면 잎 조각에
서 발생하는 산소의 양이 증가하여 잎 조각이 모두 떠오르는
데 걸리는 시간이 짧아진다.

8 빛의 세기가 셀수록, 이산화 탄소의 농도가 높을수록 광합성
량이 증가하며, 일정 정도 이상이 되면 더 이상 증가하지 않는
다. 온도가 높을수록 광합성량이 증가하며, 일정 온도 이상에
서는 급격하게 감소한다.

9 ①, ② 증산 작용이 일어나는 정도가 (가)>(나)>(다)이므로,
남아 있는 물의 양은 (다)>(나)>(가)이다.
③, ④ 증산 작용은 식물의 잎에서 일어나므로 잎을 모두 딴
(다)에서는 증산 작용이 일어나지 않고, 잎이 달린 (가)에서 증
산 작용이 활발하다. 잎을 비닐봉지로 밀봉한 (나)에서는 비닐
봉지 안의 습도가 높아져 (가)보다 증산 작용이 덜 일어난다.
⑤ 식용유는 물의 증발을 막기 위해 떨어뜨린다.

10 A는 공변세포, B는 기공, C는 표피 세포이다.
③ 기공(B)은 주로 낮에 열리고 밤에 닫힌다. 따라서 증산 작
용은 낮에 활발하게 일어난다.
⑤ 공변세포(A)는 엽록체가 있어 초록색을 띠지만, 표피 세포
(C)는 엽록체가 없어 색깔을 띠지 않고 투명하다.

11 ② 광합성에는 빛에너지가 필요하므로 광합성은 빛이 있을 때
만 일어난다.

12 전등 빛이 밝아지면 어느 정도까지는 광합성량이 증가하므로
발생하는 기포(산소) 수가 증가한다.
③ 온도는 광합성에 영향을 미치는 요인이다.
⑤ 이 실험은 빛의 세기와 광합성량의 관계를 알아보는 실험
이다.

13 ③ 증산 작용이 일어나는 기공이 주로 잎의 뒷면에 분포하므
로 증산 작용은 잎의 앞면보다 뒷면에서 더 활발하게 일어난다.

14 기공이 열릴 때 증산 작용이 활발하게 일어나며, 증산 작용이
잘 일어나는 조건은 습도가 낮을 때, 온도가 높을 때, 바람이

잘 불 때, 햇빛이 강할 때이다.

15 증산 작용은 식물의 잎에서 일어나므로 잎의 수가 많은 나뭇가지에서 증산 작용이 많이 일어나며, 식용유를 떨어뜨리지 않은 시험관에서는 물의 증발도 일어난다.

16 | 모범 답안 | (1) 엽록체, 청람색
(2) 광합성은 엽록체에서 일어나며, 광합성 결과 녹말이 만들어진다.

채점 기준		배점
(1)	엽록체와 청람색을 모두 옳게 쓴 경우	40 %
	두 가지 중 하나만 옳게 쓴 경우	20 %
(2)	광합성은 엽록체에서 일어나며, 광합성 결과 녹말이 만들어진다고 옳게 서술한 경우	60 %
	광합성이 일어나는 장소와 광합성 산물 중 하나에 대해서만 옳게 서술한 경우	30 %

17 | 모범 답안 | (1) 온도
(2) 광합성량은 온도가 높을수록 증가하며, 일정 온도 이상에서는 급격하게 감소한다.

채점 기준		배점
(1)	온도라고 옳게 쓴 경우	30 %
(2)	광합성량이 온도가 높을수록 증가하며, 일정 온도 이상에서는 급격하게 감소한다고 옳게 서술한 경우	70 %
	광합성량이 온도가 높을수록 증가한다만 서술한 경우	0 %

02 식물의 호흡

개념 확인하기
p. 67

1 산소, 이산화 탄소 2 (1) ○ (2) ○ (3) × 3 이산화 탄소
4 저장, 생성 5 이산화 탄소, 산소 6 이산화 탄소, 산소
7 많, 호흡 8 포도당, 녹말, 설탕 9 호흡, 생장 10 고구마

2 (3) 호흡에 필요한 포도당은 광합성으로 만들어진 양분이다.

3 석회수는 이산화 탄소와 반응하여 뿌옇게 변한다.

6 빛이 강한 낮에는 광합성량이 호흡량보다 많아 광합성에 필요한 이산화 탄소(A)가 흡수되고, 광합성으로 발생한 산소(B)가 방출된다.

10 포도는 포도당, 사탕수수는 설탕, 깨는 지방의 형태로 양분을 저장한다.

족집게 문제
p. 68~70

1 ④ 2 ②, ③ 3 ⑤ 4 ① 5 A : 이산화 탄소, B : 산소,
C : 이산화 탄소, D : 산소 6 ④ 7 ① 8 ③ 9 ④
10 ③ 11 ④ 12 ② 13 ⑤ 14 ④ 15 ① 16 ④
[서술형 문제 17~18] 해설 참조

1 ① 호흡은 양분을 분해하여 에너지를 얻는 과정이다. 양분을 만들어 에너지를 저장하는 과정은 광합성이다.
②, ③ 호흡은 모든 살아 있는 세포에서 낮과 밤에 관계없이 항상 일어난다.
④, ⑤ 식물은 호흡을 할 때 산소를 흡수하고 이산화 탄소를 방출하며, 광합성을 할 때 이산화 탄소를 흡수하고 산소를 방출한다.

2 ① 비닐봉지 A에서는 식물이 없어 기체가 발생하지 않는다.
④ 비닐봉지를 어두운 곳에 두는 까닭은 광합성은 일어나지 않고 호흡만 일어나게 하기 위해서이다.
⑤ 석회수가 뿌옇게 변하는 것을 통해 식물의 호흡 결과 이산화 탄소가 생성되는 것을 알 수 있다.

3 광합성과 호흡을 비교하면 표와 같다.

구분	광합성	호흡
시기	빛이 있을 때(낮)	항상
장소	엽록체가 있는 세포	모든 살아 있는 세포
에너지	저장	생성
필요한 물질	물, 이산화 탄소	포도당, 산소

4 빛이 없을 때 유리종 (가)보다 유리종 (나)에서 촛불이 더 빨리 꺼지는 까닭은 빛이 없으면 식물이 광합성을 하지 않고 호흡만 하여 산소를 소모하기 때문이다. 산소는 물질을 태우는 성질이 있다.

[5~6]

낮　　　　　밤

5 식물은 광합성량이 호흡량보다 많은 낮에는 이산화 탄소를 흡수하고 산소를 방출하며, 호흡만 일어나는 밤에는 산소를 흡수하고 이산화 탄소를 방출한다.

6 ④ 빛에너지를 포도당에 저장하는 과정은 광합성이다. 빛이 없는 밤에는 광합성은 일어나지 않고 호흡만 일어난다.

7 ① 광합성으로 만들어진 포도당은 곧 녹말로 바뀌어 엽록체에 저장되었다가 밤에 설탕으로 바뀌어 체관을 통해 식물의 각 기관으로 이동한다.

8 ③ 사용하고 남은 양분은 뿌리, 줄기, 열매, 씨 등에 다양한 물질로 바뀌어 저장된다.

9 ④ 체관이 제거된 부분의 위쪽에 있는 잎에서 만들어진 양분이 아래로 이동하지 못하고 위쪽에 집중되어 저장되어 아랫부분의 사과보다 윗부분의 사과가 크게 된 것이다.

10 ㄴ. 식물의 호흡 결과 생성된 이산화 탄소(ⓒ)는 광합성에 이용되거나 공기 중으로 방출된다.

11 • 시험관 A : 입김 속의 이산화 탄소 때문에 BTB 용액의 색깔이 노란색으로 변한다.
• 시험관 B : 아무 처리도 하지 않았으므로 BTB 용액의 색깔이 변하지 않는다(초록색).
• 시험관 C : 빛이 차단되어 검정말에서 호흡만 일어나 이산화 탄소가 생성되므로 BTB 용액의 색깔이 노란색으로 변한다.
• 시험관 D : 검정말의 호흡량보다 광합성량이 더 많아 이산화 탄소가 소모되므로 BTB 용액의 색깔이 파란색으로 변한다.
④ 빛이 있을 때는 광합성과 호흡이 모두 일어난다.

12 ①, ③ 광합성은 엽록체가 있는 세포에서 빛이 있을 때만 일어나고, 호흡은 모든 살아 있는 세포에서 항상 일어난다.
④, ⑤ 광합성은 양분을 합성하여 에너지를 저장하는 과정이고, 호흡은 양분을 분해하여 에너지를 생성하는 과정이다.

13 ⑤ 빛이 강한 낮에는 광합성과 호흡이 모두 일어나지만 광합성량이 호흡량보다 많아 호흡으로 발생한 이산화 탄소가 모두 광합성에 쓰인다.

14 ④ BTB 용액의 색깔이 노란색으로 변하는 것은 이산화 탄소가 생성되는 경우이므로, 검정말과 물고기의 호흡이 일어난 시험관 C, D가 노란색으로 변한다.

15 ① 빛을 비춘 시험관 B에서는 검정말의 호흡량보다 광합성량이 더 많아 이산화 탄소가 소모되므로 BTB 용액의 색깔이 파란색으로 변하고, 알루미늄 포일로 빛을 차단한 시험관 C에서는 검정말의 호흡만 일어나 이산화 탄소가 생성되므로 BTB 용액의 색깔이 노란색으로 변한다. 따라서 광합성에는 빛이 필요함을 알 수 있다.
③ 식물의 호흡에는 산소가 필요하지만, 이 실험에서는 확인할 수 없다.

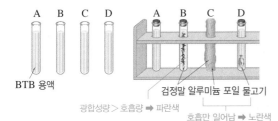

16 ㄱ. 오전 5시에는 잎에 녹말이 없는 것으로 보아 광합성이 일어나지 않고, 이미 생성된 양분도 모두 이동·사용됨을 알 수 있다.
ㄴ. 오후 2시에 잎에서 녹말이 많이 검출되는 것으로 보아 광합성이 활발한 것을 알 수 있다. 광합성으로 만들어진 포도당은 곧 녹말로 바뀌어 저장된다.
ㄷ. 오후 8시에 잎의 녹말보다 줄기의 설탕이 많은 것으로 보아 녹말은 주로 설탕의 형태로 전환되어 밤에 이동함을 알 수 있다.

17 | 모범 답안 | (1) B
(2) 시금치의 호흡으로 이산화 탄소가 발생하였기 때문이다.

	채점 기준	배점
(1)	B라고 옳게 쓴 경우	30 %
(2)	식물의 호흡과 이산화 탄소의 발생을 모두 포함하여 옳게 서술한 경우	70 %
	식물의 호흡과 이산화 탄소의 발생 중 한 가지만 포함하여 서술한 경우	40 %

18 | 모범 답안 | 낮에는 광합성량이 호흡량보다 많아 이산화 탄소가 흡수되고, 산소가 방출된다.

채점 기준	배점
네 가지 단어를 모두 포함하여 옳게 서술한 경우	100 %
세 가지 단어를 포함하여 옳게 서술한 경우	60 %
두 가지 단어를 포함하여 옳게 서술한 경우	30 %

이만큼이나 쌓였네.
나의 과학 지식!

I 물질의 구성

01 원소   p. 72~73

1 ③ 2 ④ 3 ①, ③ 4 ⑤ 5 ④ 6 ④ 7 ③ 8 ①
9 ① 10 ③ 11 ④ 12 ④ 13 ㄴ, ㄷ

1 (가)는 아리스토텔레스, (나)는 탈레스, (다)는 보일의 생각을 나타낸 것이다.

2 ④ 라부아지에는 물 분해 실험을 통해 물이 수소와 산소로 분해되는 것을 확인하여 물이 원소가 아님을 증명하였다.

3 ②, ⑤ 현재까지 알려진 120여 가지의 원소 중 약 90여 가지는 자연에서 발견된 것이고, 그 밖의 원소는 인공적으로 만든 것이다.
④ 원소들이 반응하여 생성될 수 있는 물질의 종류는 수없이 많다.

4 수산화 나트륨을 조금 넣은 물에 전류를 흐르게 하면 물이 분해되어 (−)극에서 수소 기체가 발생하고, (+)극에서 산소 기체가 발생한다. 이때 발생하는 수소 기체의 부피는 산소 기체의 부피보다 많다.
ㄱ. (−)극에서 발생하는 수소 기체의 확인 방법이다.
ㄴ. (+)극에서 발생하는 산소 기체의 확인 방법이다.
ㄷ. 순수한 물은 전류가 흐르지 않으므로 수산화 나트륨을 넣어 전류가 잘 흐르게 한다.

5 ㄱ. 물은 수소와 산소로 이루어진 물질이다.
ㄹ. 공기는 질소, 산소, 아르곤 등으로 이루어진 물질이다.

6 ④ 생물의 호흡과 물질의 연소에 이용되는 원소는 산소이며, 질소는 과자 봉지의 충전제로 이용된다.

7 ㄱ. 실험 방법이 비교적 쉽고 간단하다.
ㄴ. 불꽃 반응 실험을 통해 물질에 포함된 일부 금속 원소를 구별할 수 있다.

8 ① 칼륨은 보라색의 불꽃 반응 색이 나타나고, 칼슘은 주황색의 불꽃 반응 색이 나타난다.

9 ① 질산 바륨의 불꽃 반응 색은 바륨에 의해 황록색을 나타낸다.

10 ③ 염화 칼슘의 불꽃 반응 색은 주황색이며, 이는 염소나 칼슘의 불꽃 반응 색이 주황색임을 알 수 있다. 따라서 염소와 칼슘이 각각 포함된 물질의 불꽃 반응 색을 관찰하면 주황색이 칼슘에 의해 나타난다는 것을 확인할 수 있다.

11 리튬은 빨간색, 칼슘은 주황색, 나트륨은 노란색, 칼륨은 보라색, 구리는 청록색의 불꽃 반응 색이 나타난다.
④ 스트론튬과 리튬은 모두 불꽃 반응 색이 빨간색이므로 구별할 수 없다. 따라서 스펙트럼을 관찰해야 한다.

12 ①, ③ (가)와 (다)는 원소 A와 B를 모두 포함하고 있다.
② (나)는 원소 A와 B를 모두 포함하지 않는다.
④ (라)는 원소 B만 포함하고 있다.

13 ㄱ. 원소 C와 D는 불꽃 반응 색이 같지만, 선 스펙트럼이 다르게 나타났으므로 다른 원소이다.

02 원자와 분자   p. 74~75

1 ② 2 ② 3 ④ 4 ③, ④ 5 ⑤ 6 ③ 7 ③ 8 ②
9 ② 10 ④ 11 ④ 12 ③ 13 ②

1 ① 원자는 전기적으로 중성이다.
③ 원자 질량의 대부분을 차지하는 것은 원자핵이다.
④ 전자는 원자핵 주위를 움직이고 있다.
⑤ 원자는 물질을 이루는 기본 입자이고, 물질을 이루는 기본 성분은 원소이다.

2 ㄷ. 원자는 원자핵의 (+)전하량과 전자의 총 (−)전하량이 같으므로 전기적으로 중성이다.

3 ④ 리튬 원자는 전자가 3개이므로 원자핵의 전하량은 +3이고, 산소 원자는 원자핵의 전하량이 +8이므로 전자의 수는 8개이다. 플루오린 원자는 전자가 9개이므로 원자핵의 전하량은 +9이다.

4 ① 원자가 전자를 잃거나 얻어서 생성된 것은 이온이다.
② 분자가 원자로 나누어지면 물질의 성질을 잃는다.
⑤ 원자의 중심에는 원자핵이 있고, 그 주위를 전자들이 움직이고 있다.

5 (가)는 이산화 탄소, (나)는 메테인, (다)는 과산화 수소 분자의 모형이다.
⑤ 분자를 이루는 원자의 개수는 (가) 3개, (나) 5개, (다) 4개이다.

6 (가) 물질을 이루는 기본 성분은 원소이다.
(나) 물질을 이루는 기본 입자는 원자이다.
(다) 물질의 성질을 나타내는 가장 작은 입자는 분자이다.

7 ③ 원소 기호는 원소의 종류에 따라 한 글자나 두 글자의 알파벳으로 나타낸다.

8 ② 탄소의 원소 기호는 C이며, Cu는 구리의 원소 기호이다.

9 ② 철의 원소 기호는 Fe, 구리의 원소 기호는 Cu, 황의 원소 기호는 S이다.

10 ④ 분자를 이루는 원자의 배열은 분자 모형을 통해 확인할 수 있다.

11 ④ 물 분자는 수소 원자 2개와 산소 원자 1개가 결합하여 생성된다. 따라서 물 분자를 이루는 원자의 종류는 산소와 수소 2가지이다.

12 ③ 수소 분자가 3개이므로 3H$_2$이다.

13 ② (가)와 (나)는 2종류의 원자로 이루어져 있고, (가)는 분자 1개를 이루는 원자의 총개수가 3개이며, (나)는 분자 1개를 이루는 원자의 총개수가 4개이다.

03 이온　　　　　　　　　　　　p. 76~77

1 ⑤　2 ㄴ　3 ①　4 ③　5 ⑤　6 ②　7 ②　8 ③　9 ③
10 ④　11 ②　12 ①　13 ④

1 ①, ② 원자가 전자를 잃으면 양이온, 원자가 전자를 얻으면 음이온이 된다.
③ 이온의 이름을 부를 때는 음이온의 경우 보통 원소 이름 뒤에 '~화 이온'을 붙여 부른다.
④ 원자가 전자를 얻어도 원자핵의 전하량은 변하지 않으며, 전자의 수가 늘어 음이온이 된다.

2 ㄴ. 염소 원자가 전자 1개를 얻으면 −1의 전하를 띠는 음이온이 된다. 원소 이름이 '~소'로 끝나는 경우 음이온의 이름은 '소'를 빼고 '~화 이온'을 붙인다.

3 ① 염소 원자가 이온이 되어도 원자핵의 (+)전하량은 일정하고, 전자를 1개 얻었으므로 전자의 개수는 증가한다.

4 원소 기호의 오른쪽 위의 숫자는 원자가 잃거나 얻은 전자의 수를 나타낸다. 음이온은 전자를 얻어 형성되고, 얻은 개수가 많을수록 숫자가 크므로 황화 이온(S^{2-})이 전자를 가장 많이 얻어 형성된 이온이다.
① 전자 1개 잃음　　　② 전자 1개 얻음
③ 전자 2개 얻음　　　④ 전자 1개 얻음
⑤ 전자 3개 잃음

5 ①, ② 산소 원자가 전자 2개를 얻어 형성된 산화 이온은 O^{2-}이다.
③, ④ 산화 이온이 형성되는 과정에서 원자핵의 (+)전하량은 변하지 않는다.

6 ② (가)에서는 전자 1개를 잃어 양이온이 형성되므로 A$^+$이다. (나)에서는 전자 2개를 얻어 음이온이 형성되므로 B^{2-}이다.

7 ① (가)는 양이온이다.
③ (다)는 음이온이므로 (−)전하를 띤다.
④ (가)는 전자 1개를 잃어 형성된다.
⑤ (나)와 (다)는 전자를 얻어 형성된다.

8 양이온은 (−)극으로, 음이온은 (+)극으로 이동한다. 따라서 보라색이 (+)극으로 이동하였으므로 과망가니즈산 이온(MnO$_4$$^-$)은 보라색을 띠며, 파란색이 (−)극으로 이동하였으므로 구리 이온(Cu^{2+})은 파란색을 띤다.
③ (+)극으로 이동하는 이온은 질산 이온(NO$_3$$^-$), 황산 이온(SO$_4$$^{2-}$), 과망가니즈산 이온(MnO$_4$$^-$)의 3가지이고, (−)극으로 이동하는 이온은 칼륨 이온(K$^+$), 구리 이온(Cu^{2+})의 2가지이다.

9 ③ (+)전하를 띠는 양이온인 구리 이온(Cu^{2+})은 (−)극으로, (−)전하를 띠는 음이온인 염화 이온(Cl$^-$)은 (+)극으로 이동한다.

10 ④ 염화 칼슘(CaCl$_2$) 수용액과 탄산 나트륨(Na$_2$CO$_3$) 수용액을 섞을 때 일어나는 앙금 생성 반응의 식은 Ca^{2+}+ CO$_3$$^{2-}$ ⟶ CaCO$_3$↓이다.

11 ① 염화 나트륨 수용액과 질산 은 수용액이 반응하면 흰색 앙금인 염화 은(AgCl)이 생성된다.
④ 염화 바륨 수용액과 황산 구리(Ⅱ) 수용액이 반응하면 흰색 앙금인 황산 바륨(BaSO$_4$)이 생성된다.
②, ③, ⑤ 앙금이 생성되지 않는다.

12 ① 은 이온(Ag$^+$), 황산 이온(SO$_4$$^{2-}$)은 염화 바륨(BaCl$_2$) 수용액과 반응하여 흰색 앙금을 생성하고, 노란색의 불꽃 반응색을 나타내는 이온은 나트륨 이온(Na$^+$)이다.

13 ④ (가) 수용액에는 칼슘 이온(Ca^{2+})과 반응하여 앙금을 생성하는 탄산 이온(CO$_3$$^{2-}$), (나) 수용액에는 염화 이온(Cl$^-$)과 반응하여 앙금을 생성하는 은 이온(Ag$^+$)이 들어 있다.

Ⅱ 전기와 자기

01 전기의 발생　　　　　　　　　　p. 78~79

1 ④　2 ②　3 ②, ⑤　4 ④　5 ③　6 ④　7 ①　8 ㄷ, ㄹ
9 ③　10 ④　11 ④　12 ①

1 A는 전자, B는 원자핵이다. 원자핵은 무거워서 움직이지 못하지만 비교적 가벼운 전자 A는 자유롭게 움직인다.

2 ① 마찰 후 털가죽은 (+)전하로 대전된다.
③ 마찰 후 두 물체 사이에는 당기는 힘(인력)이 작용한다.
④ 마찰 후 털가죽에도 (−)전하가 있지만, (+)전하의 양이 (−)전하의 양보다 많아 (+)전하를 띠는 것이다.
⑤ 전하는 새로 생겨나거나 없어지지 않는다.

3 두 물체 A와 B를 마찰하면 A에서 B로 전자가 이동하여 A는 (+)전하, B는 (−)전하로 대전된다. 마찰 과정에서 (+)전하를 띠는 원자핵은 이동하지 않는다.

4 D가 (+)대전체에 끌려갔으므로 D는 (−)전하를 띤다.

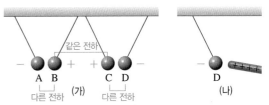

C와 D는 서로 끌어당기므로 C는 (+)전하, B와 C는 서로 밀어내므로 B는 (+)전하, A와 B는 서로 끌어당기므로 A는 (−)전하를 띤다.

5 털가죽으로 마찰한 플라스틱 빨대 A, B는 서로 같은 전하를 띠고, 털가죽은 빨대와 다른 전하를 띤다. 그러므로 빨대와 털가죽은 서로 끌어당긴다.

6 (+)대전체에 의해 금속 막대의 B에서 A로 전자가 이동한다.

7 (+)대전체를 A에 접촉하면 금속 구 A, B의 전자가 (+)대전체로 빠져나가 금속 구 A, B는 모두 (+)전하를 띤다.

8 (+)대전체로부터 인력이 작용하여 손가락의 전자가 금속 막대로 이동한다. 따라서 금속 막대는 (−)전하로 대전된다.

9 알루미늄 캔에 (−)대전체를 가까이 하면 캔 내부의 전자들이 (−)대전체로부터 척력을 받아 B에서 A 쪽으로 이동한다. 따라서 A 부분은 (−)전하, B 부분은 (+)전하가 유도되어 (−)대전체와 알루미늄 캔 사이에 인력이 작용하므로 캔이 오른쪽으로 움직인다.

10 ㄱ. (−)대전체로부터 척력을 받아 금속 막대 내부의 전자들이 (가)에서 (나) 쪽으로 이동한다.

ㄴ. 금속박 구가 오른쪽으로 움직였으므로 금속박 구는 금속 막대의 (나) 부분에 유도된 전하와 같은 종류의 전하인 (−)전하를 띠고 있다.

ㄷ. (가) 부분은 (+)전하, (나) 부분은 (−)전하, 금속박 구는 (−)전하를 띤다.

11 (−)대전체를 멀리 치우면 검전기 내부의 전자가 원래 상태로 이동하므로 대전되지 않은 상태가 되어 금속박은 오므라든다.

12 유리 막대는 전자를 얻어 (−)전하로 대전되므로 정전기 유도에 의해 A는 (+)전하, B는 (−)전하, C는 (+)전하, D는 (−)전하를 띤다.

6 ㉠ $R=\dfrac{V}{I}=\dfrac{100\ \mathrm{V}}{20\ \mathrm{A}}=5\ \Omega$, ㉡ $I=\dfrac{V}{R}=\dfrac{100\ \mathrm{V}}{25\ \Omega}=4\ \mathrm{A}$

7 옴의 법칙에 의해 $R=\dfrac{V}{I}=\dfrac{10\ \mathrm{V}}{2\ \mathrm{A}}=5\ \Omega$이다.

8 그래프에서 직선의 기울기는 저항의 역수이므로 저항의 크기는 C>B>A 순이다. 저항의 크기는 도선의 길이가 길수록 크므로 도선의 길이는 C>B>A 순이다.

9 (가)에서 전압이 6 V일 때 전류의 세기가 1 A이므로 니크롬선 A의 저항 $R=\dfrac{V}{I}=\dfrac{6\ \mathrm{V}}{1\ \mathrm{A}}=6\ \Omega$이다.

10 (가)에서 B에 6 V의 전압이 걸릴 때 3 A의 전류가 흐른다. 따라서 6 V의 2배인 12 V의 전압이 걸리면 3 A의 2배인 6 A의 전류가 흐른다.

11 (가) : 전체 저항 $R=\dfrac{V}{I}=\dfrac{15\ \mathrm{V}}{0.5\ \mathrm{A}}=30\ \Omega$이다.

(나) : 저항을 직렬로 연결하면 각 저항에 흐르는 전류의 세기는 전체 전류의 세기와 같다. 20 Ω인 저항에도 0.5 A가 흐르므로 $V=IR=0.5\ \mathrm{A}\times20\ \Omega=10\ \mathrm{V}$가 걸린다.

12 ㄴ. 각 저항에 흐르는 전류의 세기가 같은 것은 저항을 직렬로 연결했을 때의 특징이다.

13 ③ 각 저항에 걸리는 전압이 일정하므로 전류의 세기는 저항에 반비례한다. 따라서 전류의 비는 저항의 역수의 비와 같다.

14 전구 2개를 직렬로 연결하면 전구의 밝기가 어두워지고, 전구 2개를 병렬로 연결하면 전구에 걸리는 전압과 흐르는 전류의 세기가 모두 같으므로 전구 1개를 연결했을 때와 전구의 밝기가 같다. 따라서 전구 A, D, E의 밝기는 같다.

15 퓨즈와 장식용 전구는 직렬로 연결한다.

---

02 전류, 전압, 저항　　　　　　　　　p. 80~81

| 1 ② | 2 ③ | 3 ④ | 4 ③ | 5 50 V | 6 ④ | 7 5 Ω | 8 ⑤ |
| 9 ④ | 10 ③ | 11 ④ | 12 ⑤ | 13 ③ | 14 ④ | 15 ①, ④ |

1 A는 전자의 이동 방향, B는 전류의 방향이다.

2 (나)의 전자들은 일정한 방향으로 이동하므로 전류가 흐르는 상태이다. 이때 전류의 방향(B → A)은 전자의 이동 방향(A → B)과 반대이다.

3 전류계의 바늘이 왼쪽으로 회전하여 (−)값을 가리키는 것은 전류계의 (+)단자와 (−)단자가 반대로 연결되었기 때문이다.

4 전압계의 (−)단자 중 15 V 단자에 연결하였으므로 전압은 7.5 V이다.

5 옴의 법칙에 의해 저항이 일정할 때 전류의 세기는 전압에 비례하므로 10 V : 100 mA=x : 500 mA에서 $x=50$ V이다.

---

03 전류의 자기 작용　　　　　　　　　p. 82~83

| 1 ③ | 2 ④ | 3 ② | 4 ③ | 5 ④ | 6 ② | 7 A : S극, B : N극 |
| 8 ④ | 9 ③ | 10 (가) – (나) – (다) | 11 ⑤ | 12 ⑤ |

1 ㄱ. 자기장은 전류가 흐르는 도선 주위에도 생긴다.

ㄴ. 자기력선의 간격은 자기장이 셀수록 촘촘하다.

ㄷ. 도선에 전류가 흐를 때만 도선 주위에 자기장이 생긴다.

2 ①, ② (가)는 N극, (나)는 S극이므로 (가)와 (나) 사이에는 인력이 작용한다.

③ 자기장이 (가) → (나) 방향이므로, B점에서 나침반 자침의 N극은 (나)를 향한다.

④ 자기장의 세기는 자석의 극 부분에서 가장 세므로 C보다 A에서 더 세다.

⑤ (가)와 (나) 사이의 간격이 가까울수록 자기장이 세져 자기력선이 촘촘해진다.

3 오른손의 엄지손가락을 전류의 방향으로 하고 나머지 네 손가락으로 도선을 감아쥘 때, 네 손가락이 가리키는 방향이 나침반 자침의 N극이 가리키는 방향이다. 나침반 자침의 N극은 ①, ③, ④는 오른쪽을 가리키고, ②, ⑤는 왼쪽을 가리킨다.

4 원형 도선의 각 부분을 직선 도선으로 생각하고, 오른손을 이용하여 자기장의 방향을 찾는다. 오른손의 엄지손가락은 전류의 방향과 일치시키고, 네 손가락을 감싸쥘 때 네 손가락의 방향이 자기장의 방향이다.

5 나침반 자침의 N극이 오른쪽을 향하고 있으므로 코일의 왼쪽은 S극, 오른쪽은 N극이 된다. 따라서 오른손의 네 손가락을 코일의 뒤에서 앞으로 감아쥐면 전류는 B 방향으로 흐른다.

6 전류의 방향으로 오른손 네 손가락을 향하게 하고 철심을 감싸 쥐었을 때 엄지손가락이 가리키는 방향이 N극이 된다. 이때 전자석 주위에 생기는 자기력선은 N극에서 나와서 S극으로 들어간다.

7 전류가 알루미늄 막대의 뒤에서 앞쪽(지면에서 나오는) 방향으로 흐르고, 막대가 왼쪽으로 움직이므로 오른손을 이용하여 자기장의 방향을 찾으면 자기장의 방향은 아래(B)에서 위(A)쪽이다. 따라서 A는 S극, B는 N극이다.

8 ④ 니크롬선의 집게를 (나) 쪽으로 옮기면 니크롬선의 길이가 길어지므로 저항이 커져서 전류가 작아진다. 따라서 알루미늄 막대가 받는 힘이 작아진다.

9 오른손 엄지손가락을 전류의 방향과 일치시키고, 네 손가락을 자기장의 방향과 일치시켰을 때 손바닥이 향하는 방향이 힘의 방향이다.

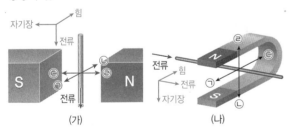

(가)   (나)

10 자기장에서 전류가 흐르는 도선이 받는 힘은 전류의 방향과 자기장의 방향이 수직(90°)일 때 가장 크다.

11 두 전자석에 의해 생기는 자기장의 방향은 오른쪽이고, 전류의 방향은 아래쪽이다. 따라서 오른손을 이용하여 힘의 방향을 찾으면 도선은 지면 앞쪽으로 힘을 받아 움직인다.

12 (나)에서 코일에 흐르는 전류의 방향이 A → B, C → D로 바뀌므로 코일의 AB 부분은 아래쪽, CD 부분은 위쪽으로 힘을 받는다. 따라서 코일은 계속 시계 방향으로 회전한다.

III 태양계

01 지구
p. 84~85

1 ③ 2 ② 3 ②, ④ 4 ② 5 ④ 6 ㄱ, ㄷ 7 ④
8 ⑤ 9 ④ 10 ⑤ 11 ⑤ 12 ③ 13 ①

1 ③ 직접 측정한 값은 알렉산드리아와 시에네, 사이의 거리와 알렉산드리아에 세운 막대의 끝과 그림자의 끝이 이루는 각이다.

2 에라토스테네스의 방법으로 지구 모형의 크기를 측정하기 위해 필요한 것은 두 지점 사이의 거리와 두 지점 사이의 중심각이다. 두 지점 사이의 거리는 호 AB의 길이이고, 중심각은 각 BB'C를 측정하여 엇각으로 구한다.

3 ① 원의 성질을 이용하여 크기를 구하기 위해서는 지구 모형은 완전한 구형이어야 한다.
③ 막대 BB'는 그림자가 생기도록 붙이고, AA'는 그림자가 생기지 않도록 붙인다.
⑤ 각 AOB는 각 BB'C와 엇각으로 같다.

4 원의 둘레$(2\pi R)$: $360°$＝호의 길이(l) : 중심각(θ)이므로 지구 모형의 반지름을 구하는 식은 $R=\dfrac{360°\times l}{2\pi\theta}$이다.

5 두 지점의 위도 차는 $38.5°-34.0°=4.5°$이고, 두 지점 사이의 거리는 480 km이다.
지구의 둘레 : $360°＝480$ km : $4.5°$이므로,
지구의 둘레＝$\dfrac{360°\times480\ \text{km}}{4.5°}=38400$ km이다.

6 ㄴ, ㄹ. 태양의 연주 운동과 계절별 별자리 변화는 지구의 공전에 의해 나타나는 현상이다.

7 지구가 자전축을 중심으로 서 → 동으로 자전함에 따라 별 등의 천체는 동 → 서로 도는 것처럼 보인다.

8 ㄱ, ㄴ. 북쪽 하늘에서 별은 시계 반대 방향(B)으로 한 시간에 15 °씩 회전한다.
ㄷ. 일주 운동하는 별은 한 시간에 15 °씩 회전하므로 관측 시간은 2시간이다.
ㄹ. 별 P는 일주 운동의 중심인 북극성으로, 천구 북극에 가까이 있어 거의 움직이지 않는다.

9 우리나라에서 별의 일주 운동을 관측하면 동쪽 하늘에서는 별이 오른쪽 위로 비스듬히 뜨고, 남쪽 하늘에서는 지평선과 나란하게 동쪽에서 서쪽으로 이동하며, 서쪽 하늘에서는 오른쪽 아래로 비스듬히 진다. 북쪽 하늘에서는 북극성을 중심으로 별이 시계 반대 방향으로 회전한다.

10 달의 공전, 지구의 자전과 공전, 태양의 연주 운동 방향은 모두 서 → 동이고, 태양의 일주 운동 방향은 동 → 서이다.

11 ① 태양의 연주 운동을 나타낸 것이다.
② 지구가 공전하기 때문에 나타나는 현상이다.
③ 태양은 별자리 사이를 서에서 동으로 이동한다.
④ 별자리는 1년 뒤에 같은 위치에서 관측된다.
⑤ 매일 같은 시각에 관측하면 별자리는 태양을 기준으로 동 → 서로 이동한다. 따라서 (다) → (나) → (가) 순서로 관측된다.

12 태양이 지나는 별자리는 태양빛에 의해 보이지 않고, 태양의 반대쪽에 있는 궁수자리가 한밤중에 남쪽 하늘에서 보인다.

13 ①, ② 지구가 A에 위치할 때 태양은 사자자리를 지나므로 이 때는 9월이다.
③ 지구가 A에 위치할 때 태양은 사자자리를 지나고, 태양의 반대쪽에 있는 물병자리가 한밤중에 남쪽 하늘에서 보인다.
⑤ 3개월 후에는 12월이므로 태양은 전갈자리를 지나고, 한밤중에 남쪽 하늘에서는 황소자리가 보인다.

---

02 달   p. 86~87

1 ④   2 ③   3 ①   4 ④   5 ②   6 E   7 ③   8 ⑤   9 ②
10 ⑤   11 ①   12 ⑤   13 ⑤

---

1 서로 닮은 삼각형에서 대응변의 길이의 비는 일정하므로 비례식을 세우면 $d : D = l : L$이다. 따라서 $D = \dfrac{d \times L}{l}$이다.

2

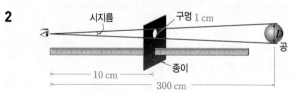

삼각형의 닮음비에 따라 $1\,cm : D = 10\,cm : 300\,cm$이다.
따라서 $D = \dfrac{1\,cm \times 300\,cm}{10\,cm} = 30\,cm$이다.

3 지구의 크기(지름, 반지름, 둘레)는 달의 약 4배이다.
③ 구의 부피($\frac{4}{3}\pi R^3$)는 반지름의 세제곱에 비례하므로 지구의 부피는 달 부피의 약 $4^3 = 64$배이다.

4 ①, ③, ④ 달의 공전 방향과 자전 방향은 모두 서에서 동으로 같고, 공전 속도와 자전 속도도 같다.
② 달은 하루에 약 13°씩 공전한다.
⑤ 달이 서에서 동으로 공전하므로 지구에서 같은 시각에 관측한 달은 하루에 약 13°씩 서에서 동으로 이동한다.

5 음력 7일경에 달의 위치는 상현이고, 오른쪽 반원이 밝은 상현달로 보인다.

6 달의 위치가 망일 때 햇빛을 반사하는 부분 전체가 둥글게 보여 보름달로 보인다.

7 달이 H에 있을 때는 달의 왼쪽 일부만 보여 그믐달로 보인다.

8 ①, ② 그림은 하현달의 모습으로, 태양이 달의 왼쪽을 수직으로 비추는 G 위치에 있을 때 관측된다.
③ 월식은 망(E)일 때 일어날 수 있다.
④ 하현달은 음력 22~23일경 관측된다.

9 달이 지구 주위를 서에서 동으로 공전하며 지구, 태양, 달의 상대적인 위치가 변한다. 따라서 지구에서 같은 시각에 관측한 달은 매일 약 13°씩 서에서 동으로 이동하고, 모양이 달라진다.

10 달이 공전하면서 같은 주기로 자전하기 때문에 지구에서는 항상 달의 같은 면만 보인다. 만약 달이 자전하지 않고 공전한다면 달의 모든 면을 관측할 수 있을 것이다.

11 ㄷ. 일식과 월식은 달의 위치가 삭과 망일 때 각각 일어날 수 있지만, 실제 지구의 공전 궤도와 달의 공전 궤도가 같은 평면 상에 있지 않기 때문에 매번 일식과 월식이 일어나지는 않는다.
ㄹ. 부분 월식은 달의 일부가 지구의 본그림자를 지날 때 일어난다. 월식은 지구의 반그림자와는 관계가 없다.

12 ①, ⑤ 그림에서 달은 일부만 가려지므로 부분 일식이다. 부분 일식은 지구에서 달의 반그림자가 닿는 곳에서 관측할 수 있다.
②, ③ 달이 서에서 동으로 공전함에 따라 태양의 오른쪽부터 가리기 시작하므로 그림에서 일식의 진행 방향은 A이다.
④ 일식이 일어날 때는 삭으로, 달이 보이지 않는다.

13 ① 월식은 보름달이 뜰 때(망) 일어날 수 있다.
② 달의 일부가 지구의 본그림자에 들어가면(A) 부분 월식이 일어난다.
③ 달의 전체가 지구의 본그림자에 들어가면(B) 개기 월식이 일어난다.
④ 달 전체가 붉게 보이는 것은 개기 월식이 일어날 때이다. C에서는 달이 지구의 본그림자에 들어가지 않았으므로 월식이 일어나지 않는다.

---

03 태양계의 구성   p. 88~89

1 금성   2 ⑤   3 ⑤   4 ①   5 ④   6 ②   7 ④   8 ②
9 ④   10 ⑤   11 ②   12 (나) – (가) – (다)

---

1 지구에서 가장 밝게 보이고, 표면 온도가 매우 높은 행성은 금성이다.

2 (가) 평균 밀도가 가장 작고, 뚜렷한 고리가 있다. ➡ 토성
(나) 대기가 없어 낮과 밤의 표면 온도 차가 크다. ➡ 수성

(다) 자전축이 공전 궤도면에 나란하게 기울어져 있다. ➡ 천왕성

(라) 두꺼운 이산화 탄소 대기가 있어 표면 기압이 매우 높다. ➡ 금성

3 행성 D는 화성이고, 화성의 양극에는 얼음과 드라이아이스로 된 극관이 있다. 극관의 크기는 겨울에 커지고, 여름에 작아진다.

4 목성, 토성, 천왕성, 해왕성은 목성형 행성이다. 목성형 행성은 고리가 있고, 위성 수가 많다. 또한 질량과 반지름이 지구형 행성보다 크고, 수소나 헬륨과 같이 가벼운 기체로 이루어져 있다.

5
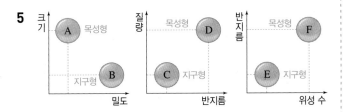

6 ② 화성은 지구형 행성에 속한다.

7 ① 태양은 태양계의 중심에 있고, 자전만 한다.
② 태양의 표면 온도는 약 6000 ℃이다.
③ 태양은 스스로 빛을 내는 천체로, 이를 항성 또는 별이라고 한다. 행성은 태양 주위를 공전하는 천체이다.
⑤ 태양의 대기는 평소에는 볼 수 없고, 개기 일식 때 관측할 수 있다.

8 (가) 광구 바로 위에 나타나는 붉은색의 얇은 대기층 ➡ 채층
(나) 태양 바깥쪽으로 수백만 km까지 뻗어 있는 진주색의 대기층 ➡ 코로나
(다) 흑점 부근에서 폭발하여 일시적으로 막대한 에너지가 방출되는 현상 ➡ 플레어

9 (가)는 흑점, (나)는 홍염, (다)는 코로나이다.
① 흑점은 광구가 가려지는 개기 일식 때는 볼 수 없다.
② 주위보다 온도가 낮은 것은 (가) 흑점이다.
③ 광구 아래의 대류 현상 때문에 생기는 것은 쌀알 무늬이다.
⑤ 광구에서부터 고온의 기체가 솟아오르는 현상은 (나) 홍염이다.

10 태양 활동이 활발할 때 태양에서는 홍염이 자주 발생하고, 코로나의 크기가 커지며, 흑점 수가 증가한다. 태양 활동이 활발할 때 지구에서는 델린저 현상이 발생하고, 오로라가 자주 나타난다.

11 ② 접안렌즈(B)는 상을 확대하여 볼 수 있게 해 준다. 경통을 지지하고 망원경을 움직일 수 있게 하는 것은 가대이다.

12 천체 망원경을 이용한 천체 관측 순서 : (나) 평평한 곳에 망원경을 설치하고, 경통이 천체를 향하게 한다. → (가) 보조 망원경으로 관측하려는 천체를 먼저 찾는다. → (다) 저배율에서 고배율로 접안렌즈를 바꾸어 가며 관측한다.

Ⅳ 식물과 에너지

0l 광합성　　　　　　　　　　　　p. 90~91

1 ㉠ 엽록체, ㉡ 엽록소　2 ②　3 ②　4 ①, ④　5 ②, ⑤
6 ②　7 ㄱ, ㄷ, ㄹ　8 ②　9 기공　10 ②, ④　11 ①, ③
12 ②　13 (가) 강할 때, (나) 낮을 때

1 엽록체에는 초록색 색소인 엽록소가 들어 있으며, 엽록소에서 광합성에 필요한 빛에너지를 흡수한다.

2

① 이산화 탄소(A)는 잎의 기공을 통해 공기 중에서 흡수한다.
② 광합성으로 만들어진 포도당(B)은 곧 물에 잘 녹지 않는 녹말로 바뀌어 엽록체에 저장된다.
③ 광합성으로 발생한 산소(C)는 식물의 호흡에 사용되거나 공기 중으로 방출되어 다른 생물의 호흡에 이용된다.
④, ⑤ (가)는 물의 이동 통로인 물관이고, (나)는 양분의 이동 통로인 체관이다.

3 시험관 A에서는 광합성이 일어나(광합성량＞호흡량) 이산화 탄소가 소모되므로 BTB 용액이 파란색으로 변한다. 시험관 B에서는 빛이 없어 광합성이 일어나지 않아(호흡만 일어남) 이산화 탄소가 소모되지 않으므로(이산화 탄소 생성) BTB 용액의 색깔이 변하지 않는다.

4 빛을 받은 시험관 A에서만 광합성이 일어나 이산화 탄소가 소모되었다. 따라서 이 실험을 통해 광합성은 빛이 있을 때 일어나며, 광합성 과정에는 이산화 탄소가 필요하다는 것을 알 수 있다.

[5~6]
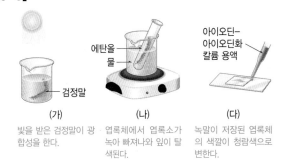

(가) 빛을 받은 검정말이 광합성을 한다.
(나) 엽록체에서 엽록소가 녹아 빠져나와 잎이 탈색된다.
(다) 녹말이 저장된 엽록체의 색깔이 청람색으로 변한다.

5 검정말을 에탄올에 넣고 물중탕하면 잎 세포 속 엽록체에서 엽록소가 녹아 빠져나와 잎이 탈색되고, 이에 따라 아이오딘-아이오딘화 칼륨 용액을 떨어뜨렸을 때 엽록체의 색깔 변화를 잘 관찰할 수 있다.

6 아이오딘-아이오딘화 칼륨 용액은 녹말과 반응하여 청람색을 나타내는 녹말 검출 용액이다.

7 ㄱ. 광합성량은 온도가 높을수록 증가하며, 일정 온도 이상에서는 급격하게 감소한다.

ㄴ. 산소는 광합성 결과 발생하는 기체이다.

ㄷ, ㄹ. 광합성량은 빛의 세기가 셀수록, 이산화 탄소의 농도가 높을수록 증가하며, 일정 정도 이상이 되면 더 이상 증가하지 않는다.

8 전등이 켜진 개수가 늘어날수록 빛의 세기가 세져 잎 조각의 광합성이 활발해진다. 광합성량이 증가하면 잎 조각에서 발생하는 산소의 양이 증가하여 잎 조각이 모두 떠오르는 데 걸리는 시간이 짧아진다. 광합성량은 빛의 세기가 셀수록 증가하며, 일정 세기 이상이 되면 더 이상 증가하지 않는다.

② 이 실험은 빛의 세기와 광합성량의 관계를 알아보는 실험이다.

9 기공은 잎의 표피에 있는 작은 구멍으로, 공변세포 2개가 둘러싸고 있으며, 주로 잎의 뒷면에 많다.

10 ① 증산 작용은 기공이 열리는 낮에 활발하게 일어난다.

③ 증산 작용은 뿌리에서 흡수한 물이 잎까지 이동하게 하는 원동력이 된다.

⑤ 증산 작용으로 물이 증발하면서 주변의 열을 흡수하므로, 증산 작용은 식물의 체온이 높아지는 것을 막는 효과가 있다.

11 증산 작용은 잎에서 일어나므로 잎이 달린 나뭇가지 (가)에서 증산 작용이 활발하게 일어나고, 잎을 모두 딴 나뭇가지 (다)에서는 증산 작용이 일어나지 않는다. 증산 작용은 습도가 낮을 때 잘 일어나므로 비닐봉지로 밀봉한 잎이 달린 나뭇가지 (나)에서는 (가)에서보다 증산 작용이 덜 일어난다.

①, ③ 물이 많이 줄어든 순서는 (가)>(나)>(다)이다.

② (나)에서는 비닐봉지 속의 습도가 높아지고, 비닐봉지에 물방울이 맺힌다.

12 ㄱ. 기공(A)은 주로 낮에 열리고, 밤에 닫힌다.

ㄴ. 공변세포(B)는 안쪽 세포벽이 바깥쪽 세포벽보다 두꺼워 진하게 보인다.

ㄷ. 공변세포(B)에는 엽록체가 있지만, 표피 세포(C)에는 엽록체가 없다.

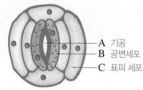
A 기공
B 공변세포
C 표피 세포

13 증산 작용은 햇빛이 강할 때, 온도가 높을 때, 습도가 낮을 때, 바람이 잘 불 때 잘 일어난다.

02 식물의 호흡

1 ① 2 ③ 3 ② 4 ② 5 C 6 A : 광합성, B : 호흡
7 ③ 8 ⑤ 9 ③ 10 A : 이산화 탄소, B : 산소 11 ⑤
12 ④ 13 ② 14 ⑤

1 ① 호흡은 낮과 밤에 관계없이 항상 일어난다.

2 시금치를 어두운 곳에 두었으므로 시금치에서 광합성은 일어나지 않고 호흡만 일어나 이산화 탄소가 발생하였다.

ㄷ. 석회수는 이산화 탄소와 반응하면 뿌옇게 변한다. 따라서 식물의 호흡에 의해 이산화 탄소가 발생한 페트병 (가)의 공기를 석회수에 통과시키면 석회수가 뿌옇게 변한다.

3 ② 광합성 과정에서는 이산화 탄소를 흡수, 산소를 방출하고, 호흡 과정에서는 산소를 흡수, 이산화 탄소를 방출한다.

4 식물은 빛이 없을 때(C)는 호흡만 하고, 빛이 있을 때(D)는 광합성과 호흡을 모두 한다.

5 시험관 C에서는 호흡만 일어나 이산화 탄소가 방출되므로 BTB 용액이 노란색으로 변한다. 시험관 D에서는 광합성량이 호흡량보다 많아 이산화 탄소가 소모되므로 BTB 용액이 파란색으로 변한다. 따라서 BTB 용액의 색깔이 시험관 A와 같이 노란색으로 변하는 것은 시험관 C이다.

6 A는 빛에너지를 흡수하여 양분을 만드는 광합성 과정이고, B는 양분을 분해하여 생명 활동에 필요한 에너지를 얻는 호흡 과정이다.

7 ㄱ. 광합성(A)이 일어날 때는 이산화 탄소를 흡수, 산소를 방출하고, 호흡(B)이 일어날 때는 산소를 흡수, 이산화 탄소를 방출한다.

ㄴ. 광합성(A)은 빛이 있을 때만 일어나고, 호흡(B)은 항상 일어난다.

ㄷ. 광합성(A)은 양분을 합성하여 에너지를 저장하는 과정이고, 호흡(B)은 양분을 분해하여 에너지를 얻는 과정이다.

8 ②, ⑤ 빛이 강한 낮에는 광합성량이 호흡량보다 많다. 따라서 호흡으로 발생하는 이산화 탄소가 모두 광합성에 이용되고, 부족한 이산화 탄소를 기공을 통해 흡수한다.

③ 호흡이 일어날 때는 산소를 흡수하고, 이산화 탄소를 방출한다.

④ 호흡은 낮과 밤에 관계없이 항상 일어난다.

9 낮에는 광합성량이 호흡량보다 많으므로 광합성에 필요한 이산화 탄소를 흡수하고, 광합성으로 생성된 산소를 방출한다. 밤에는 호흡만 일어나므로 호흡에 필요한 산소를 흡수하고, 호흡으로 생성된 이산화 탄소를 방출한다.

10 낮에 식물에서 흡수하는 기체 A는 광합성에 필요한 이산화 탄소이고, 식물에서 방출하는 기체 B는 광합성으로 생성되는 산소이다.

11 ③ 빛이 없을 때는 호흡만 일어나므로 산소(B)가 흡수되고, 이산화 탄소(A)가 방출된다.

⑤ 양분을 분해하여 에너지를 얻는 과정은 호흡이다. 호흡은 낮과 밤에 관계없이 항상 일어난다.

12 ③, ④ 사용하고 남은 양분은 뿌리, 줄기, 열매, 씨 등에 녹말, 포도당, 단백질, 지방, 설탕 등 다양한 형태로 저장된다.

⑤ 양파와 포도는 모두 양분을 포도당 형태로 저장한다.

13 나무줄기의 바깥쪽 껍질을 고리 모양으로 벗겨내면 체관이 제거되어 잎에서 만들어진 양분이 아래로 이동하지 못한다. 이에 따라 껍질을 벗겨낸 윗부분(A)이 부풀어 오른다.

14 ① 콩은 단백질, ②, ③ 포도와 양파는 포도당, ④ 고구마는 녹말 형태로 양분을 저장한다.

대단원별 **서술형** 문제

I 물질의 구성

01 원소　　　　　　　　　　　　　　p. 94

01 | 모범 답안 | 물은 수소와 산소로 분해되므로 원소가 아니다.
| 해설 | 라부아지에는 물 분해 실험을 통해 물이 수소와 산소로 분해되는 것을 확인하였고, 아리스토텔레스의 주장이 옳지 않음을 증명하였다.

채점 기준	배점
물이 수소와 산소로 분해되기 때문이라고 서술한 경우	100 %
그 외의 경우	0 %

02 | 모범 답안 | (1) (+)극 : 산소 기체, (-)극 : 수소 기체
(2) (+)극 : 불씨만 남은 향불을 가까이 하면 향불이 다시 타오른다.
(-)극 : 성냥불을 가까이 하면 '퍽' 소리를 내며 탄다.
(3) 순수한 물은 전류가 흐르지 않으므로 전류가 잘 흐르게 하기 위해서이다.
| 해설 | (+)극에서는 산소 기체가 발생하고, (-)극에서는 수소 기체가 발생한다. 이때 발생하는 기체의 양은 수소 기체가 더 많다.

	채점 기준	배점
(1)	(+)극과 (-)극에 모인 기체의 이름을 옳게 쓴 경우	30 %
(2)	(+)극과 (-)극에 모인 기체의 확인 방법을 옳게 서술한 경우	40 %
(3)	수산화 나트륨을 녹이는 까닭을 옳게 서술한 경우	30 %

03 | 모범 답안 | 겉불꽃은 온도가 매우 높고 무색이므로 불꽃 반응 색을 관찰하기 좋기 때문이다.

채점 기준	배점
니크롬선을 겉불꽃에 넣는 까닭을 옳게 서술한 경우	100 %
그 외의 경우	0 %

04 | 모범 답안 | 원소의 종류에 따라 선 스펙트럼에 나타나는 선의 색깔, 위치, 개수, 굵기 등이 다르기 때문이다.
| 해설 | 불꽃 반응 색이 비슷해도 원소의 종류가 다르면 선 스펙트럼이 다르게 나타난다.

채점 기준	배점
선 스펙트럼으로 구별할 수 있는 까닭을 옳게 서술한 경우	100 %
그 외의 경우	0 %

05 | 모범 답안 | (1) (가), (다)
(2) 원소 A와 원소 B의 선 스펙트럼이 물질 (가), (다)에 그대로 나타나기 때문이다.
| 해설 | 물질에 여러 가지 금속 원소가 섞여 있는 경우 각 원소의 스펙트럼이 모두 합쳐져서 나타난다.

	채점 기준	배점
(1)	원소 A, B를 포함하는 물질을 모두 고른 경우	50 %
(2)	(1)과 같이 답한 까닭을 옳게 서술한 경우	50 %

02 원자와 분자　　　　　　　　　　　p. 95

01 | 모범 답안 |

▲ 리튬 원자　　　　　　▲ 질소 원자

| 해설 | 원자의 중심에 원자핵을 표시하고, 원자핵 주위에 전자를 배치한다.

채점 기준	배점
두 가지 원자의 원자 모형을 모두 옳게 나타낸 경우	100 %
한 가지 원자의 원자 모형만 옳게 나타낸 경우	50 %

02 | 모범 답안 | 원자를 이루는 **원자핵의 (+)전하량**과 **전자의 총 (-)전하량**이 같기 때문이다.

채점 기준	배점
용어를 모두 포함하여 옳게 서술한 경우	100 %
용어를 하나라도 포함하지 않은 경우	0 %

03 | 모범 답안 | 원소 이름의 알파벳 첫 글자를 대문자로 나타내고, 첫 글자가 같은 경우 중간 글자를 선택하여 첫 글자 다음에 소문자로 나타낸다.

채점 기준	배점
첫 글자와 중간 글자를 나타내는 방법을 모두 서술한 경우	100 %
그 외의 경우	0 %

04 | 모범 답안 | 15개, 암모니아 분자 1개는 질소 원자 1개와 수소 원자 3개로 이루어지므로 암모니아의 분자 모형을 5개 만들기 위해서는 수소 원자 15개가 필요하다.

채점 기준	배점
수소 원자의 개수를 쓰고, 그 까닭을 옳게 서술한 경우	100 %
수소 원자의 개수만 옳게 쓴 경우	50 %

05 | 모범 답안 | (1) (가) $2NH_3$, (나) $3CO_2$
(2) (가) 8개, (나) 9개
(3) (가)는 질소와 수소, (나)는 탄소와 산소로 이루어져 있다.
| 해설 | (가)는 질소 1개와 수소 3개로 이루어진 암모니아 분자 2개, (나)는 탄소 1개와 산소 2개로 이루어진 이산화 탄소 분자 3개를 분자 모형으로 나타낸 것이다.

	채점 기준	배점
(1)	(가)와 (나)의 분자식을 옳게 나타낸 경우	30 %
(2)	(가)와 (나)를 이루는 원자의 총개수를 옳게 쓴 경우	30 %
(3)	(가)와 (나)의 분자를 이루는 원자의 종류를 옳게 서술한 경우	40 %

06 | 모범 답안 | 분자의 종류, 분자의 총개수, 분자를 이루는 원자의 종류, 분자 1개를 이루는 원자의 개수, 원자의 총개수 중 두 가지

채점 기준	배점
분자식으로 알 수 있는 사실을 두 가지 모두 옳게 서술한 경우	100 %
분자식으로 알 수 있는 사실을 한 가지만 옳게 서술한 경우	50 %

03 이온 p. 96

01 | 모범 답안 | 리튬 원자가 **전자 1개를 잃어 +1**의 **양이온이** 된다.

채점 기준	배점
리튬 원자가 이온이 되는 과정을 용어를 모두 포함하여 서술한 경우	100 %
용어를 한 가지라도 포함하지 않은 경우	0 %

02 | 모범 답안 | (가)는 양이온, (나)는 음이온이다. (가)는 (+)전하량이 (−)전하량보다 많고, (나)는 (+)전하량이 (−)전하량보다 적기 때문이다.
| 해설 | (가)는 원자핵의 (+)전하량이 +3이고, 전자의 총 (−)전하량이 −2이다. (나)는 원자핵의 (+)전하량이 +8이고, 전자의 총 (−)전하량이 −10이다.

채점 기준	배점
(가), (나)를 옳게 구분하고, 그 까닭을 옳게 서술한 경우	100 %
(가), (나)만 옳게 구분한 경우	50 %

03 | 모범 답안 | 파란색 : Cu^{2+}, 보라색 : MnO_4^-, 파란색 성분은 (−)극으로 이동하므로 양이온이고, 보라색 성분은 (+)극으로 이동하므로 음이온이기 때문이다.
| 해설 | 파란색이 (−)극으로 이동하므로 황산 구리(Ⅱ) 수용액에서 양이온인 구리 이온(Cu^{2+})임을 알 수 있고, 보라색이 (+)극으로 이동하므로 과망가니즈산 칼륨 수용액에서 음이온인 과망가니즈산 이온(MnO_4^-)임을 알 수 있다.

채점 기준	배점
파란색과 보라색을 띠는 이온의 이온식을 옳게 쓰고, 그 까닭을 옳게 서술한 경우	100 %
파란색과 보라색을 띠는 이온의 이온식만 옳게 쓴 경우	50 %

04 | 모범 답안 | 앙금 A : $Ag^+ + Cl^- \longrightarrow AgCl\downarrow$
앙금 B : $Ba^{2+} + SO_4^{2-} \longrightarrow BaSO_4\downarrow$

채점 기준	배점
두 가지 반응을 식으로 모두 옳게 나타낸 경우	100 %
한 가지 반응만 식으로 옳게 나타낸 경우	50 %

05 | 모범 답안 | 보라색, 거른 용액 C에는 칼륨 이온(K^+)이 포함되어 있기 때문이다.

채점 기준	배점
불꽃 반응 색을 쓰고, 그 까닭을 옳게 서술한 경우	100 %
불꽃 반응 색만 옳게 쓴 경우	50 %

06 | 모범 답안 | (1) 아이오딘화 납
(2) A : 아이오딘화 칼륨 수용액, B : 질산 납 수용액, 아이오딘화 이온(I^-)이 (+)극으로, 납 이온(Pb^{2+})이 (−)극으로 이동하여 서로 만나면 노란색 앙금인 아이오딘화 납(PbI_2)이 생성되기 때문이다.
| 해설 | (1) $Pb^{2+} + 2I^- \longrightarrow PbI_2$

	채점 기준	배점
(1)	앙금의 이름을 옳게 쓴 경우	30 %
(2)	실 A, B에 적신 수용액을 옳게 쓰고, 그 까닭을 옳게 서술한 경우	70 %
	실 A, B에 적신 수용액만 옳게 쓴 경우	30 %

Ⅱ 전기와 자기

01 전기의 발생 p. 97

01 | 모범 답안 | 마찰하는 동안 고양이 털에서 고무풍선으로 전자가 이동하기 때문이다.

채점 기준	배점
고양이 털에서 고무풍선으로 전자의 이동을 옳게 서술한 경우	100 %
전자가 이동하기 때문이라고만 서술한 경우	40 %

02 | 모범 답안 | 빨대 A가 밀려난다. 빨대 A와 B를 모두 털가죽에 문질렀으므로 두 개의 빨대가 같은 전하를 띠게 되어 빨대 사이에 척력이 작용하기 때문이다.

채점 기준	배점
나타나는 변화를 쓰고, 까닭을 옳게 서술한 경우	100 %
나타나는 변화만 옳게 쓴 경우	50 %

03 | 모범 답안 | B : (−)전하, C : (+)전하, D : (+)전하
| 해설 | 같은 종류의 전하 사이에는 서로 밀어내는 힘이 작용하고, 다른 종류의 전하 사이에는 서로 끌어당기는 힘이 작용한다.

채점 기준	배점
B, C, D에 대전된 전하를 모두 옳게 서술한 경우	100 %
옳게 쓴 하나당 부분 배점	30 %

04 | 모범 답안 | A : (+)전하, B : (−)전하, 은박 구는 왼쪽으로 움직인다.
| 해설 | 금속 막대 내부의 전자들은 (−)대전체로부터 척력을 받아 대전체로부터 먼 곳으로 이동한다. 은박 구는 B와 가까운 부분이 B와 다른 전하를 띠게 되어 끌려간다.

채점 기준	배점
A, B에 대전된 전하의 종류와 은박 구의 움직임을 모두 옳게 서술한 경우	100 %
A, B에 대전된 전하의 종류만 옳게 서술한 경우	70 %

05 | 모범 답안 | 물체의 대전 여부, 물체에 대전된 전하의 양, 물체에 대전된 전하의 종류

채점 기준	배점
검전기로 알 수 있는 사실 세 가지를 모두 옳게 서술한 경우	100 %
알 수 있는 사실 하나당 부분 배점	30 %

06 | 모범 답안 | 검전기 내부의 전자들이 (−)대전체로부터 척력을 받아 금속박 쪽으로 이동하므로 금속박은 (−)전하를 띤다.

채점 기준	배점
전하의 종류와 그 까닭을 모두 옳게 서술한 경우	100 %
전하의 종류만 옳게 서술한 경우	50 %

07 | 모범 답안 | 대전체 A보다 B에 대전된 전하의 양이 더 많다.
| 해설 | 대전된 전하의 양이 많을수록 검전기의 금속박이 많이 벌어진다.

채점 기준	배점
A, B에 대전된 전하의 양의 차이를 옳게 서술한 경우	100 %
A, B에 대전된 전하의 양이 다르다고만 서술한 경우	30 %

02 전류, 전압, 저항
p. 98

01 | 모범 답안 | 전류가 흐를 때 전자는 전지의 (−)극 쪽에서 전지의 (+)극 쪽으로 이동한다. 전류가 흐르지 않을 때 전자는 도선 속에서 무질서하게 움직인다.

채점 기준	배점
전류가 흐를 때와 흐르지 않을 때 두 경우 모두 옳게 서술한 경우	100 %
한 가지 경우만 옳게 서술한 경우	50 %

02 | 모범 답안 | 전압계의 (+)단자는 전지의 (+)극 쪽에, (−)단자는 전지의 (−)극 쪽에 연결한다. 또는 전압계의 (+)단자와 (−)단자에 연결된 두 전선을 서로 바꾸어 연결한다.
| 해설 | 전압계의 (+)단자가 전지의 (−)극 쪽에 연결되어 있으면 전압계의 바늘이 왼쪽으로 회전하여 (−)값을 가리킨다.

채점 기준	배점
(+), (−)단자를 바꾸어 연결한다고 옳게 서술한 경우	100 %
그 외의 경우	0 %

03 | 모범 답안 | 전자들이 도선을 따라 이동하면서 원자들과 충돌하여 이동에 방해를 받기 때문이다.

채점 기준	배점
전자와 원자의 충돌을 옳게 서술한 경우	100 %
그 외의 경우	0 %

04 | 모범 답안 | 도선의 재질과 길이가 같을 때 단면적이 좁을수록 저항이 크다. 따라서 저항의 단면적은 (가)>(나)>(다) 순으로 넓다.

채점 기준	배점
단면적을 옳게 비교하고 까닭을 서술한 경우	100 %
단면적 비교만 옳게 한 경우	50 %

05 | 모범 답안 | (1) 전류 : 0.01 A, 전압 : 2 V

(2) 옴의 법칙에 의해 전구의 저항 $=\dfrac{\text{전압}}{\text{전류}}=\dfrac{2\,\text{V}}{0.01\,\text{A}}$
$=200\,\Omega$이다.

	채점 기준	배점
(2)	저항의 크기와 풀이 과정을 모두 옳게 서술한 경우	100 %
	전구의 저항이 200 Ω이라고만 쓴 경우	50 %

06 | 모범 답안 | 저항을 직렬연결하면 전체 저항이 커지고, 병렬연결하면 전체 저항이 작아진다.

채점 기준	배점
저항을 직렬연결할 때와 병렬연결할 때 전체 저항의 크기 변화를 모두 옳게 서술한 경우	100 %
직렬연결과 병렬연결 중 한 가지만 옳게 서술한 경우	50 %

07 | 모범 답안 | 병렬연결한 두 전구에 걸리는 전압은 전체 전압과 같으므로, 전구의 밝기는 처음과 변화 없다.

채점 기준	배점
전구의 밝기 변화와 그 까닭을 모두 옳게 서술한 경우	100 %
전구의 밝기가 변화 없다고만 쓴 경우	50 %

08 | 모범 답안 | • 각 전기 기구에 걸리는 전압이 같다.
• 여러 전기 기구를 함께 연결해도 각각 독립적으로 사용할 수 있다.

채점 기준	배점
장점 두 가지를 모두 옳게 서술한 경우	100 %
한 가지만 서술한 경우	50 %

03 전류의 자기 작용
p. 99

01 | 모범 답안 |

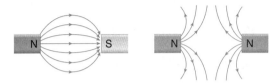

| 해설 | 자기력선은 N극에서 나와서 S극으로 들어간다.

채점 기준	배점
N극에서 나와 S극으로 들어가는 자기력선을 모두 옳게 그린 경우	100 %

02 | 모범 답안 | 나침반 자침의 N극은 A 지점에서 남쪽, B 지점에서 북쪽을 가리킨다.

채점 기준	배점
A, B 지점에서 나침반 자침의 방향을 모두 옳게 서술한 경우	100 %
A 지점과 B 지점 중 한 가지만 옳게 서술한 경우	50 %

03 | 모범 답안 | (1) 척력, 전자석 (가)의 B와 전자석 (나)의 C 부분이 N극을 띠므로 두 전자석 사이에는 밀어내는 힘이 작용한다.
(2) 전자석 내부에서 자기장의 방향은 A에서 B쪽이고, 외부에서 자기장의 방향은 B에서 A쪽을 향한다.

	채점 기준	배점
(1)	힘의 종류를 쓰고, 그 까닭을 옳게 서술한 경우	100 %
	힘의 종류만 옳게 쓴 경우	40 %
(2)	내부와 외부의 자기장 방향을 모두 옳게 서술한 경우	100 %
	내부와 외부 중 한 가지만 옳게 서술한 경우	50 %

04 | 모범 답안 | ㉠ : 오른, ㉡ : 네, ㉢ : 엄지, ㉣ : 손바닥

채점 기준	배점
㉠~㉣을 모두 옳게 쓴 경우	100 %
옳게 쓴 한 가지당 부분 배점	25 %

05 | 모범 답안 | (1) 왼쪽(말굽 자석의 안쪽)으로 움직인다.
(2) • 전원 장치의 전압을 더 크게 하여 걸어 준다.(더 센 전류가 흐르게 한다.)
• 더 센 자석을 사용한다.(자기력을 세게 한다.)

	채점 기준	배점
(2)	도선 그네의 움직임을 더 크게 하는 두 가지 방법을 모두 옳게 서술한 경우	100 %
	한 가지 방법만 옳게 서술한 경우	50 %

06 | 모범 답안 | • 회전 방향 : 시계 반대 방향 • 예 : 청소기, 세탁기, 선풍기, 에스컬레이터 등
| 해설 | 코일의 왼쪽은 아래쪽으로 힘을 받고, 코일의 오른쪽은 위쪽으로 힘을 받아 시계 반대 방향으로 회전한다.

채점 기준	배점
전동기의 회전 방향과 이용의 예를 모두 옳게 서술한 경우	100 %
전동기의 회전 방향만 옳게 서술한 경우	50 %

III 태양계

01 지구

p. 100

01 | 모범 답안 | 원에서 호의 길이(l)는 중심각(θ)의 크기에 비례한다.

채점 기준	배점
주어진 단어 세 개를 모두 사용하여 원리를 옳게 서술한 경우	100 %
주어진 단어 중 두 개만 사용하여 원리를 서술한 경우	50 %

02 | 모범 답안 | $R = \dfrac{360° \times 5 \text{ cm}}{2\pi \times 30°} = 10 \text{ cm}$

채점 기준	배점
식을 옳게 세우고, 답을 옳게 구한 경우	100 %
식만 옳게 세운 경우	50 %

03 | 모범 답안 | • 알렉산드리아와 시에네 사이의 거리 측정이 정확하지 않았다.
• 실제 지구는 완전한 구형이 아니다.

채점 기준	배점
차이 나는 까닭 두 가지를 모두 옳게 서술한 경우	100 %
차이 나는 까닭 한 가지만 옳게 서술한 경우	50 %

04 | 모범 답안 | • $2\pi R : 360° = 280 \text{ km} : 2.4°$
• $2\pi R : 280 \text{ km} = 360° : 2.4°$
• $360° : 2\pi R = 2.4° : 280 \text{ km}$
• $2.4° : 280 \text{ km} = 360° : 2\pi R$ 중 하나

채점 기준	배점
지구의 반지름을 구하는 비례식을 옳게 세운 경우	100 %

05 | 모범 답안 | (가) 지구가 자전하기 때문이다.
(나) 지구가 공전하기 때문이다.
| 해설 | 태양의 일주 운동은 지구 자전에 의해, 태양의 연주 운동은 지구 공전에 의해 나타나는 겉보기 운동이다.

채점 기준	배점
(가)와 (나)를 모두 옳게 서술한 경우	100 %
(가)와 (나) 중 한 가지만 옳게 서술한 경우	50 %

06 | 모범 답안 | A, 60°
| 해설 | 북쪽 하늘에서 별은 시계 반대 방향으로 한 시간에 15° 이동하므로 4시간에 60° 이동한다.

채점 기준	배점
북두칠성의 위치와 이동한 각도를 모두 옳게 구한 경우	100 %
북두칠성의 위치와 이동한 각도 중 한 가지만 옳게 구한 경우	50 %

07 | 모범 답안 | 사자자리, 지구가 공전하며 지구에서 보이는 태양의 위치가 달라지기 때문이다.
| 해설 | 지구가 A 위치에 있을 때 태양은 물병자리를 지나고, 지구를 기준으로 태양의 반대쪽에 있는 사자자리가 한밤중에 남쪽 하늘에서 관측된다.

채점 기준	배점
별자리를 옳게 쓰고, 까닭을 옳게 서술한 경우	100 %
별자리와 까닭 중 한 가지만 옳게 서술한 경우	50 %

02 달

p. 101

01 | 모범 답안 | (1) d, l
(2) $d : D = l : L$ 또는 $d : l = D : L$

	채점 기준	배점
(1)	측정해야 하는 값 두 가지를 모두 옳게 쓴 경우	50 %
(2)	달의 지름을 구하는 비례식을 옳게 세운 경우	50 %

02 | 모범 답안 | C → A → E → B → D, 달이 지구 주위를 공전하면서 달, 지구, 태양의 상대적인 위치가 달라지기 때문이다.
| 해설 | A는 상현달, B는 하현달, C는 초승달, D는 그믐달, E는 보름달이다.

채점 기준	배점
A~E를 옳게 나열하고, 모양이 변하는 까닭을 옳게 서술한 경우	100 %
A~E만 옳게 나열하거나 까닭만 옳게 서술한 경우	50 %

03 | 모범 답안 | (1) A
(2) E
| 해설 | (1) 달이 보이지 않고 일식이 일어날 수 있는 달의 위치는 달이 태양과 지구 사이에 있는 삭(A)이다.
(2) 음력 15일에 달의 위치는 태양 반대편인 망(E)이다.

	채점 기준	배점
(1)	A를 쓴 경우	50 %
(2)	E를 쓴 경우	50 %

04 | 모범 답안 | C : 상현달, G : 하현달. 햇빛의 방향이 반대가 되면 C에서는 하현달, G에서는 상현달로 보일 것이다.

채점 기준	배점
C, G에서 달의 위상을 옳게 쓰고, 위상 변화를 옳게 서술한 경우	100 %
C, G에서 달의 위상만 옳게 쓴 경우	50 %

05 | 모범 답안 | 달의 자전 주기와 공전 주기가 같아 한쪽 면만 지구를 향하기 때문이다.

채점 기준	배점
달의 자전 주기와 공전 주기가 같다는 내용을 포함하여 까닭을 옳게 서술한 경우	100 %

06 | 모범 답안 | (1) 보이지 않음, 보름달
(2) A에서는 개기 일식을 관측할 수 있고, B에서는 부분 일식을 관측할 수 있다.
(3) D, E
(4) 월식의 지속 시간이 일식의 지속 시간보다 길다. 지구의 크기가 달의 크기보다 크므로 달이 태양을 가리는 시간보다 달이 지구 그림자에 가려지는 시간이 더 길기 때문이다.

	채점 기준	배점
(1)	달의 위상을 순서대로 옳게 쓴 경우	20 %
(2)	A와 B에서 관측할 수 있는 현상을 모두 옳게 서술한 경우	30 %
	A 또는 B에서 관측할 수 있는 현상 한 가지만 옳게 서술한 경우	15 %
(3)	위치를 순서대로 옳게 쓴 경우	20 %
(4)	일식과 월식의 지속 시간을 옳게 비교하고, 까닭을 옳게 서술한 경우	30 %
	일식과 월식의 지속 시간만 옳게 비교한 경우	15 %

03 태양계의 구성 　　　　　　　　　p. 102

01 | 모범 답안 | 물과 대기가 없어 풍화 작용이 거의 일어나지 않기 때문이다.

채점 기준	배점
주어진 단어 세 개를 모두 사용하여 까닭을 옳게 서술한 경우	100 %
주어진 단어 중 두 개만 사용하여 까닭을 서술한 경우	50 %

02 | 모범 답안 | 화성. 표면이 붉은색으로 보인다. 과거 물이 흘렀던 흔적이 있다. 양극에 흰색의 극관이 있다. 계절 변화가 나타난다. 거대한 화산과 협곡이 있다. 등

채점 기준	배점
이름을 옳게 쓰고, 특징 두 가지를 모두 옳게 서술한 경우	100 %
특징 두 가지만 옳게 서술한 경우	70 %
이름만 옳게 쓴 경우	30 %

03 | 모범 답안 | (1) A : 지구형 행성, B : 목성형 행성. A에는 수성, 금성, 지구, 화성이 속하고 B에는 목성, 토성, 천왕성, 해왕성이 속한다.
(2) 밀도가 크다. 위성이 없거나 수가 적다. 고리가 없다. 표면이 단단한 암석으로 이루어져 있다. 등

	채점 기준	배점
(1)	A, B의 이름을 옳게 쓰고, 포함되는 행성을 옳게 서술한 경우	50 %
	A, B의 이름만 옳게 쓴 경우	25 %
(2)	특징 두 가지를 모두 옳게 서술한 경우	50 %
	특징을 한 가지만 옳게 서술한 경우	25 %

04 | 모범 답안 | 흑점, 주변보다 온도가 낮기 때문이다.

채점 기준	배점
이름을 옳게 쓰고, 어둡게 보이는 까닭을 옳게 서술한 경우	100 %
이름만 옳게 쓴 경우	50 %

05 | 모범 답안 | 동 → 서, 태양은 자전한다.

채점 기준	배점
흑점의 이동 방향을 옳게 쓰고, 알 수 있는 사실을 옳게 서술한 경우	100 %
흑점의 이동 방향만 옳게 쓴 경우	50 %

06 | 모범 답안 | 자기 폭풍이 일어난다. 델린저 현상이 발생한다. 오로라가 더 많이 발생하고, 더 넓은 지역에서 발생한다. 인공위성이 고장 난다. 송전 시설 고장으로 대규모 정전이 발생한다. 등

채점 기준	배점
지구에서 나타나는 현상 두 가지를 모두 옳게 서술한 경우	100 %
지구에서 나타나는 현상을 한 가지만 옳게 서술한 경우	50 %

07 | 모범 답안 | A, B. 대물렌즈는 빛을 모으고, 접안렌즈는 상을 확대한다.

채점 기준	배점
기호를 옳게 쓰고, 역할을 모두 옳게 서술한 경우	100 %
기호만 옳게 쓴 경우	50 %

Ⅳ 식물과 에너지

01 광합성 　　　　　　　　　p. 103

01 | 모범 답안 | (1) (나)
(2) A
(3) 광합성은 엽록체에서 일어나며, 광합성 결과 녹말이 만들어진다.
| 해설 | 광합성으로 만들어진 포도당은 곧 녹말로 바뀌어 엽록체에 저장된다. 아이오딘-아이오딘화 칼륨 용액은 녹말과 반응하여 청람색을 나타내는 녹말 검출 용액이다.

	채점 기준	배점
(1)	(나)라고 옳게 쓴 경우	20 %
(2)	A라고 옳게 쓴 경우	20 %
(3)	단어를 모두 포함하여 광합성이 일어나는 장소와 광합성 산물을 옳게 서술한 경우	60 %
	광합성으로 녹말이 만들어진다고만 서술한 경우	40 %

02 | 모범 답안 | (1) 산소
(2) 산소는 물질을 태우는 성질이 있으므로, 고무관 끝에 향의 불꽃을 가져갔을 때 향의 불꽃이 다시 타오르는 것으로 확인할 수 있다.

	채점 기준	배점
(1)	산소라고 옳게 쓴 경우	30 %
(2)	산소의 성질과 확인 방법을 모두 옳게 서술한 경우	70 %
	확인 방법만 옳게 서술한 경우	50 %

03 | 모범 답안 | 광합성량은 이산화 탄소의 농도가 높아질수록 증가하며, 일정 농도 이상이 되면 더 이상 증가하지 않고 일정해진다.

채점 기준	배점
이산화 탄소의 농도와 광합성량의 관계를 옳게 서술한 경우	100 %
이산화 탄소의 농도가 높아질수록 광합성량이 증가한다고만 서술한 경우	0 %

04 | 모범 답안 | (1) 광합성에 필요한 이산화 탄소를 공급하기 위해서이다.
(2) 잎 조각이 빛을 받으면 광합성을 하여 산소가 발생하기 때문이다.
(3) 전등이 켜진 개수가 늘어날수록 잎 조각이 모두 떠오르는 데 걸리는 시간이 짧아진다.
| 해설 | 전등이 켜진 개수가 늘어날수록 잎 조각이 빨리 떠오르는 것은 빛의 세기가 셀수록 잎 조각에서 발생하는 산소의 양(광합성량)이 증가하기 때문이다.

	채점 기준	배점
(1)	광합성에 필요한 이산화 탄소를 공급하기 위해서라고 옳게 서술한 경우	30 %
	이산화 탄소를 공급하기 위해서라고만 서술한 경우	20 %
(2)	광합성이 일어나 산소가 발생하기 때문이라고 옳게 서술한 경우	30 %
	산소가 발생하기 때문이라고만 서술한 경우	20 %
(3)	전등이 켜진 개수가 늘어날수록 잎 조각이 모두 떠오르는 데 걸리는 시간이 짧아진다고 옳게 서술한 경우	40 %

05 | 모범 답안 | 증산 작용은 **햇빛**이 강할 때, **온도**가 높을 때, **습도**가 낮을 때, **바람**이 잘 불 때 잘 일어난다.

채점 기준	배점
네 가지 단어를 모두 포함하여 옳게 서술한 경우	100 %
세 가지 단어만 포함하여 옳게 서술한 경우	75 %
두 가지 단어만 포함하여 옳게 서술한 경우	50 %
한 가지 단어만 포함하여 옳게 서술한 경우	25 %

---

02 식물의 호흡 p. 104

01 | 모범 답안 | (1) 석회수가 뿌옇게 변한다.

(2) 빛이 없으므로 시금치에서 호흡만 일어나 이산화 탄소가 발생하였기 때문이다.

	채점 기준	배점
(1)	석회수가 뿌옇게 변한다고 옳게 서술한 경우	40 %
(2)	두 가지 내용을 모두 포함하여 옳게 서술한 경우	60 %
	빛이 없어 호흡만 일어났기 때문이라고 서술한 경우	30 %

02 | 모범 답안 | (1) (가) D, (나) C, D

(2) 광합성은 빛이 있을 때만 일어나고, 호흡은 빛의 유무와 관계없이 항상 일어나기 때문이다.

| 해설 | 빛을 받지 못한 C에서는 호흡만 일어나 이산화 탄소가 생성되므로 BTB 용액이 노란색으로 변하고, 빛을 받은 D에서는 광합성이 호흡보다 활발하게 일어나 이산화 탄소가 소모되므로 BTB 용액이 파란색으로 변한다.

	채점 기준	배점
(1)	(가)와 (나)를 모두 옳게 쓴 경우	40 %
	둘 중 하나라도 틀리게 쓴 경우	0 %
(2)	광합성과 호흡이 일어나는 시기를 빛의 유무와 관련지어 옳게 서술한 경우	60 %

03 | 모범 답안 | 광합성은 엽록체가 있는 세포에서 일어나고, 호흡은 모든 살아 있는 세포에서 일어난다.

채점 기준	배점
광합성과 호흡이 일어나는 장소를 모두 옳게 서술한 경우	100 %
둘 중 하나라도 틀리게 서술한 경우	0 %

04 | 모범 답안 | (1) (가) 광합성, (나) 호흡

(2) A : 이산화 탄소, B : 산소, C : 이산화 탄소, D : 산소

(3) 낮에는 광합성량이 호흡량보다 많아 이산화 탄소를 흡수하고 산소를 방출하며, 밤에는 호흡만 일어나 산소를 흡수하고 이산화 탄소를 방출한다.

	채점 기준	배점
(1)	(가)와 (나)를 모두 옳게 쓴 경우	30 %
(2)	A~D를 모두 옳게 쓴 경우	30 %
	네 가지 중 하나라도 틀리게 쓴 경우	0 %
(3)	낮과 밤의 기체 교환을 식물의 작용과 관련지어 옳게 서술한 경우	40 %
	낮과 밤에 출입하는 기체의 종류에 대해서만 옳게 서술한 경우	20 %

05 | 모범 답안 | (1) A : 녹말, B : 설탕, (가) 체관

(2) 호흡으로 생명 활동에 필요한 에너지를 얻는 데 사용된다. 식물의 몸을 구성하는 성분이 되어 식물이 생장하는 데 사용된다. 등

	채점 기준	배점
(1)	A, B, (가)를 모두 옳게 쓴 경우	40 %
	세 가지 중 두 가지만 옳게 쓴 경우	20 %
	세 가지 중 한 가지만 옳게 쓴 경우	10 %
(2)	식물에서 양분이 사용되는 예를 옳게 서술한 경우	60 %

MEMO